纪念李四光先生发现我国东部冰川遗迹 100 周年

北半球第三冰原探索

徐兴永　赵松龄　著

科　学　出　版　社
北　京

内 容 简 介

中国东部是中国第四纪研究的发祥地。本书是作者在对中国山地，特别是中国东部中低山地多年考察研究、取得大量调查和测试资料的基础上，对中国东部第四纪冰川与环境变化研究的探索。本书系统分析研究了第四纪冰期时期北半球最强的两大洋流系统——湾流和黑潮对北半球三大冰原形成与发育的影响，分析了冰期时期北冰洋冰盆的形成及其对周边环境的影响，讨论了冰期时期寒潮路径的变迁以及对不同海域和地域的影响。本书运用丰富的实地调查资料，证明了北半球第三冰原的存在。本书基于寒潮与黑潮的相互影响，对中国东部第四纪冰川遗迹进行了探索，促进和发展了中国东部中低山地形成冰原的理论，并提出了冰期、间冰期寒潮源地的相互转换有利于我国东部气温的大幅度降低，可导致低海拔型冰川的形成。

本书在理论上有创新，学术思想新颖，有许多新发现、新观点，对中国东部第四纪冰川与环境研究具有一定的参考价值。本书可供地质及相关专业科研工作者、高等院校师生阅读。

图书在版编目（CIP）数据

北半球第三冰原探索 / 徐兴永，赵松龄著. —北京：科学出版社，2021.10
ISBN 978-7-03-069727-1

Ⅰ. ①北⋯ Ⅱ. ①徐⋯ ②赵⋯ Ⅲ. ①北冰洋 – 研究 Ⅳ. ① P727

中国版本图书馆 CIP 数据核字（2021）第 178967 号

责任编辑：朱 瑾 习慧丽 / 责任校对：郑金红
责任印制：吴兆东 / 封面设计：无极书装

科 学 出 版 社 出版
北京东黄城根北街 16 号
邮政编码：100717
http://www.sciencep.com
北京捷迅佳彩印刷有限公司 印刷
科学出版社发行 各地新华书店经销

*

2021 年 10 月第 一 版 开本：889×1194 1/16
2022 年 1 月第二次印刷 印张：17 1/4
字数：559 000

定价：298.00 元
（如有印装质量问题，我社负责调换）

作 者 简 介

徐兴永

　　1975 年 12 月生，山东郯城人，研究员，博士生导师，主要从事海洋地质、第四纪地质与环境、海岸带地质灾害等研究工作。发表论文 70 余篇，出版专著 3 部，获省部级奖励 4 项。

赵松龄

　　1936 年 3 月生，江苏连云港人，研究员，博士生导师，1960 年毕业于北京大学地质地理系，1999 年 11 月于中国科学院海洋研究所退休。长期从事海洋第四纪地质、海岸带地质与环境等研究工作，曾任中国第四纪委员会海岸分委员会副理事长。发表论文 50 余篇，出版专著 10 余部，获省部级奖励 8 项。

前　言

李四光在 1919 年考察欧陆地质后，接受了北京大学校长蔡元培先生的聘书，于 1920 年 5 月回到北京，出任北京大学地质系教授。1921 年，他在太行山的沙河县、山西大同盆地口泉附近，经过仔细考察、分析研究，发现了众多巨型漂砾和若干带有擦痕的冰碛物，描绘了冰碛物的沉积结构剖面，这项研究成果于 1922 年发表在 *Geological Magazine* 上。李四光找到的关于我国北方存在更新世古冰川遗迹的证据，开创了我国第四纪古冰川遗迹研究的先河。

今天我们可以分析一下，为何在近百年前许多外国人反对我国东部存在古冰川活动，而李四光坚持认为其存在。这就是李四光超越他人的地方，本书将用大量事实来回答这一争论近百年的问题。

为探索这一问题，2008 年以来，我们先后多次赴当地考察，行程超过 20 000km，获得了大量野外实地考察资料，随后又进行了部分室内分析，在此基础上完成了本书的写作。书中所涉及的部分长江中游地区的图片，可称为空前绝后了，因为那里的砂山剖面已被夷为平地，是永不可再生的。

本书依据北半球最强的两大洋流系统——湾流和黑潮对北半球三大冰原的形成与发育，进行了系统的分析与研究；对北冰洋冰盆的形成及其对周边环境的影响进行了分析；对冰盆的两大缺口、通过缺口流向低纬度的寒潮路径及它们对不同海域和地域的影响都进行了分析与讨论。本书明确提出，位于亚洲北部或东北部向低纬度扩散的寒潮，影响的是我国东部低海拔地区，而位于北美洲东北部向低纬度扩散的寒潮，是吹向北大西洋。本书还运用众多的调查资料，证明了北半球第三冰原的存在。本书基于寒潮与黑潮的相互影响，对中国东部第四纪冰川遗迹进行了探索，促进和发展了中国东部中低山地形成冰原的理论，并提出了冰期、间冰期寒潮源地的相互转换有利于我国东部气温的大幅度降低，可导致低海拔型冰川的形成。本书把我国冰原的形成概括为"一湾一路"的变动过程。

本书在对古冰川遗迹的阐述中，介绍了新发现的"三瓣石冰川"的堆积地貌，将该地貌东侧碛、西侧碛和高大的终碛完整地展示在读者面前；书中还列出了多种典型古冰川堆积地貌、侵蚀地貌和冰消期地貌，形成完整的环境变化链。在侵蚀地貌的研究中，本书首次提出冰川运动是形成冰川"U"型石和半冰川"U"型石的原因。

对古湖泊的研究发现，长江中下游地区在更新世期间曾是一个规模巨大的冰湖，它的范围包括鄱阳湖、洞庭湖、江汉平原等广大低海拔地区，当时的湖面要高出现在的江面 50～60m。例如，位于九江市湖口县的石钟山，雄峙于鄱阳湖口，三面临水，一面着陆，形如半岛，海拔 67.7m，曾位于长江古湖的湖面以下，至今仍留下众多的湖水侵蚀地貌遗迹。

关于九江市彭泽一带砂山成因的研究，限于当时的条件，前人在长满草和树木的砂质丘陵上，很难得到全貌的认识，因此多数研究者认为彭泽一带的砂山是风成成因。近年来，当地大规模开发沙源，许多砂山被挖开。我们有幸见到砂山的内部结构与大型水平沉积层理，因此不再相信彭泽一带的砂山是风成成因。基于大面积多层次的水平层理这一基本事实，古长江曾经为古湖这一崭新概念也就逐渐孕育而生。遗憾的是，这些完美记录的大部分地层已不复存在。江汉油田的存在，从另一角度证明长江中游地区曾是一巨大的断陷盆地，逐渐下沉的湖盆为江汉油田的形成创造了条件。

本书也提出，现代长江三角洲的形成与长江古湖的决堤是密不可分的，本书运用丰富的研究资料论述了这一巨大变动的发生与发展过程。对古冰缘环境的考察发现，第四纪时期不断堆积的下蜀黄土，成为长江冰湖的天然大坝。它在不断加高的过程中，阻挡了湖水的外流，使湖底沉积不断加厚，巨厚的湖底沉积成为全新世以来长江三角洲形成的物源。冰期时期的壶口为壶口冰川所占据，壶口冰川以上应当是来自黄河上源的冰川融水汇集区。本书还提出，如果说中国的黄土是更新世连续沉积地貌的代表，那么中国境内的冰下喀斯特地貌就是更新世连续侵蚀地貌的代表，因为无论是冰期还是间冰期融蚀作用一直在进行中。

本书共分十章，大量图片，期望更多的读者能喜欢这本具有丰富想象而又有许多新思路、新证据的好书。我们开展中国东部低海拔古冰川遗迹的研究，使李四光开创的事业得以发扬光大，这是对李四光先生最好的纪念。

几年来，曾参加过考察的人员有李乃胜、李培英、于洪军、李萍、易亮、吕洪波、李丽云、王珍岩、郭良、相石宝、付腾飞、苏乔、刘文全、陈广泉、吕文哲、苗青、贺世杰、崔震、林震等，江苏省盐城市博物馆考古部主任俞洪顺提供了盐城钻孔资料等，杨继超博士清绘了书中图片，部分测年等数据资料引自前人研究成果，在此一并致谢。衷心感谢科学出版社各位编辑严谨认真的审稿工作。

我们只是做了一些初步的外业考察，在野外也取了若干样品，但只对部分样品进行了分析。本书主要进行了地貌学的研究，不当之处在所难免，欢迎同行读者批评指正。

2020 年 2 月于青岛

追　忆

1957 年中国科学院第四纪研究委员会[①]成立，李四光任首届主任，刘东生任秘书长。自成立以来，中国科学院第四纪研究委员会长期在李四光和刘东生的领导下，从事现代和古代冰川、黄土气候地层、更新世海侵与海退、岩溶、地震、气象与气候、洋流与寒流和古脊椎动物与古人类等研究，取得了丰硕的研究成果。本书为纪念两位先驱而作。

李四光，中国东部低海拔古冰川遗迹发现者、研究者，开创了中国东部古冰川遗迹研究的先河。

著名地质学家李四光

刘东生，创立了中国黄土气候地层学研究，支持中国东部低海拔古冰川遗迹研究。

刘东生院士和作者徐兴永研究员合影

① 1979 年中国科学院第四纪研究委员会更名为中国第四纪研究委员会，1993 年再更名为中国第四纪科学研究会。

2003 年，刘东生先生就崂山古冰川遗迹研究，给赵松龄研究员写信。

转引 2006 年刘东生院士给《海岸带黄土与古冰川遗迹》一书写的序 [①]

　　黄土覆盖着约 9.3% 的全球陆地表面，集中分布于温带沙漠外缘的半干旱地区、南北半球中纬度地带的森林草原和荒漠草原地带，呈东西向带状断续分布。我国黄土有原生黄土和次生黄土之分。原生黄土是大气环流运行的结果，风力将北方、西北戈壁、沙漠、干涸湖底及其外缘地表的细颗粒物质搬运到黄土高原及其以东的地区堆积，它们再经黄土化作用而成为原生黄土。风成黄土堆积以后再经其他地质营力作用，如流水侵蚀、搬运、再堆积而成为次生黄土。从地理位置来看，黄土总是分布在沙漠区的下风头，也就是沙漠的外围区，展示了沙漠与黄土之间存在一定的"亲缘"关系。

　　东亚黄土分布明显地受季风影响，如：受来自海上的东亚季风影响强时，以古土壤活动层为主；而受西风带影响强时，以黄土沉积为主。随冰期、间冰期气候环境的旋回（前者指示干冷，后者指示暖湿）黄

---

① 刘东生院士一直关心中国东部第四纪环境研究，2006 年特为本书作者参与撰写的《海岸带黄土与古冰川遗迹》一书作序。

土和古土壤呈现出交替出现的关系，根据黄土与古土壤的分布状况可以追溯季风活动的轨迹。因此，中国北方广为分布的厚层黄土，与深海沉积物和极地冰芯并驾齐驱，三者共同成为研究全球变化的自然档案。这部自然档案连续记录了自然环境演变、冰期和间冰期气候交替变动过程和人类活动。近年来新近纪黄土的发现与确认，表明中国黄土高原的黄土记录有可能提供较极地冰芯和一般深海沉积时间更长、内容更为完整的长达 2200 万年全球变化的记录。

除了中国西北地区存在广为分布的厚层黄土堆积以外，中国东部还存在海岸带黄土和海底黄土，它们也有原生黄土和次生黄土之分。当我国黄土高原在过去的 2000 多万年中稳定地记录当地的环境变化时，我国东部则处在与黄土高原不同的沉积环境中，形成了另一种类型的"沉积档案"。从地质构造基础来看，我国东部存在松辽沉降带和华北沉降带，在过去的 2000 多万年中，它们曾连成一片形成巨型湖泊群，落入其中的黄土物质堆积为数千米厚的松散沉积物，成为我国东部若干油田的盖层。由此可见，风力搬运物质进入黄土高原区就堆积成厚层黄土，而落在巨型湖泊地区就成为稳定的、厚层湖泊沉积的一部分。

值得一提的是，根据李培英等的研究：古华北湖发育之际，现代的渤海海峡还是巨型陆桥，它的存在阻挡了华北巨型古湖水的外流和黄海海水的入侵，这也是华北平原的海相地层只出现在晚更新世的原因。

更新世期间，山东丘陵一带普遍地发育了低海拔型古冰川，留下大量古冰川遗迹。许多古冰川遗迹已进入陆架区，展示了陆架沉积与古冰川活动之间存在密切关系。更新世多次出现的冰期时代，北方冷空气强劲，特别是频繁的寒潮活动，不断地带来大风、低温和降雪，不仅在北方加大了黄土的堆积速度，还使古华北湖周边的低山丘陵和中低山地出现了多期冰川活动。大量调查资料已经证实：有的古冰川遗迹已深埋于古华北湖的底部；有的则延伸到黄海陆架区；有的则构成山东半岛和辽东半岛所特有的冰碛海岸；有些巨大的古冰川漂砾还会形成冰碛小岛。冰期时期降落在冰川活动区和积雪分布区的黄土物质，在冰雪消融时会被带入古华北湖中，或者被带入陆架，而成为黄渤海陆架沉积的物源之一，这就是我国东部，特别是古华北湖的周边黄土堆积剖面部分缺失的原因。

到中更新世末期渤海海峡一带巨型陆桥发生断裂、古华北湖变干，出现了早期的湖底沙漠化，渤海东侧的辽东半岛和东南侧的山东半岛形成最初的黄土沉积。最后间冰期来临时，全球气候转暖，冰川融化、海面升高，渤海出现沧州海侵；在距今 39 000 ~ 23 000 年，渤海又出现了献县海侵，这次海侵范围最广，可达河北省的献县一带。从距今 8500 年开始了全新世海侵（黄骅海侵），形成了现代的渤海。十分明显，每当海侵发生时，渤海东侧和东南侧的黄土终止形成，而在冰期海退时期，陆架再度出露，又在风暴作用之下，使出露了的陆架再度发生沙漠化，海岸带黄土与海底黄土得以再现。

值得特别提出的是，李培英等研究提出，晚更新世末期，相当于距今 18 000 年前后，为最后冰期最盛时期，海面下降了 130 多米，渤海、黄海陆架全部出露，东海陆架也大部分出露成陆。在这种环境背景下，风暴活动成为陆架上最重要的外营力，导致陆架沙漠化环境的形成。和内陆的情况一样，在沙漠的外围出现了黄土堆积。当全新世海侵发生以后，堆积在海拔较低位置的黄土被海水覆盖起来，成为海底黄土；而堆积在海拔较高位置的黄土，则成为海岸带黄土。海岸带黄土在海岸常形成海蚀陡崖，在陡崖剖面上也有古土壤层。海岸带黄土与海底黄土形成的动力也为古季风活动，其源地主要为海退后的陆架，所以海岸带黄土与海底黄土属近源沉积。由于沿海一带的黄土属于近源沉积，因此海岸带黄土中往往含有海洋环境中的生物群组合，如有孔虫、放射虫等。这一新的认识为正确地解释黄海、渤海海岸带黄土与海底黄土的成因提供了科学依据。

由上可见，古季风活动不仅在中国西北部形成了难得的"黄土档案"；还在中国东部低山丘陵区形成了多期古冰川活动的记录。古陆桥的存在，阻挡了古湖水的外流；古湖泊的存在，会使当地的温度进一步降低，并引起湿度的增大，从而有利于低海拔型古冰川的形成。毫无疑问，古陆桥的断裂又会彻底改变黄海、渤海的沉积环境，形成新的沉积格局。辽东半岛和山东半岛的黄土，特别是海岸带黄土与海底黄土，基本上都是在古陆桥断裂事件发生后形成的。

《海岸带黄土与古冰川遗迹》一书，以海岸带黄土和沿海低山丘陵区古冰川遗迹为中心，通过详细论述古华北湖的形成时代与分布范围，对目前所能认识到的环境演变的若干理论问题，包括海岸带黄土形成前的古湖泊环境，古华北湖中的湖侵与湖退、海侵与海退，华北古陆桥断裂和渤海海峡跌水的形成与消亡，古华北湖与古冰川活动的关系，古华北湖与东部海岸带黄土沉积的关系，以及中国东部低山丘陵区古冰川遗迹与陆架沉积的关系等，均做出了明确的阐述，展示了我国黄土研究、陆架环境研究和沿海古冰川研究所取得的新进展。

这本书是在国家自然科学基金委员会和科技部等的支持下，对所完成的十余个有关科研项目的系统总结。二十多年来，他们持之以恒，潜心研究，不仅对我国东部沿海和陆架环境获得了全新认识，还使我国内陆黄土与海岸带黄土的研究取得了长足进步，这是令人感到十分鼓舞的事。《海岸带黄土与古冰川遗迹》这本书，虽然不好用奇迹来形容它的精彩，但它的面世，却为今后独辟了一条海陆古环境研究的蹊径。

中国第四纪（时代）的研究，过去对生物演化、气候演变等方面的工作较多，而对区域性的，不同沉积物类型的成因，以及它们之间的演化和特征性的讨论则较少。东部是中国第四纪研究的发祥地，是一个研究较多的地区，对其地质历史似已有了"定论"。从科学研究上来说，这是一种发现不了问题、找不出新的解译的"窘境"。李培英等在这本书中全面而系统地对华北地区东部做了全新的阐述和讨论，并在理论上有所创新，走出了这种"窘境"，值得庆贺和学习。这本书使人们可以重温以往的认识，也使人们在开始认识中国东部的地质中，全面系统地认识东部，认识中国的全部。这是一本发人深思的富于思想力的书，愿广大读者喜欢它，理解它。

刘东生

2006 年 12 月 31 日于北京

目　录

第一章

洋流与冰川

　　世界上的两大洋流系统——湾流与黑潮在更新世冰期期间的活动，对北半球三大冰川系统的形成与消亡产生了重要的影响，它们的盛衰变化，既决定了全球性冰川分布的范围，又控制了全球性的洋面变动幅度。值得注意的是，湾流带来的部分水汽，除了形成劳伦泰德冰原，还在西风带的影响下，导致欧洲和亚洲共有的斯堪的纳维亚冰原的形成。更新世期间，由印度洋暖流带来的水汽与由亚洲北部、北冰洋冰盆区向低纬度扩散的寒潮带来的低温气流相结合，形成了广为分布的固态降雪，经过数万年的积累，导致中国东部大面积低海拔型冰川的形成。从全球范围来看，冰期时期来自北冰洋冰盆的寒冷气流，只有两条路径南下，其一从劳伦泰德东部边缘南下，最终进入北大西洋北部，使那里的水温不断降低；其二从贝加尔湖以北的勒拿河谷地一带南下，进入亚洲东部，特别是中国东部低山丘陵区，使那里成为全球同纬度最寒冷的地区，导致低海拔型冰川群的出现，也就是北半球第三冰原的形成。

　　冰期时期的北美洲，由于劳伦泰德冰盖、格陵兰冰盖和冰岛冰盖连成一片，来自北冰洋的寒冷气流只能从上述冰川群的东部边缘南下，进入北大西洋，不断地改变当地海洋的温度，而对劳伦泰德冰盖南部地区的影响甚微。这是北美大陆和亚洲大陆不同的地方，也是不能把北美大陆无大规模低海拔山地冰川的观点套到中国的原因。需要特别提出的是，在欧亚大陆，从北冰洋南下的低温气流不受青藏高原的影响，即可到达南海北部。

　　本书认为全球冰川分为两大类：一类为"常态类"冰川（也可称为比较稳定性冰川），这类冰川无论是冰期还是间冰期都存在，如南极、格陵兰岛、阿尔卑斯山、青藏高原及其他高海拔山区等，其规模可作轻微调整，也可随气候的变动而不断增厚或者变薄，基本上不影响大幅度的海面变动，当地雪线可在垂直方向上稍微调整变动；另一类为"动态类"冰川（也可称为不稳定性冰川），这类冰川只形成于冰期，间冰期来临时它们就快速消失，其规模巨大，都是低海拔型冰原，它们参与全球性大幅度海面变化，都有明显的贡献量。它们的形成与洋流和寒潮活动关系密切，与海拔关系不明显。

　　冰期时期北半球有三大低海拔冰原：①劳伦泰德冰原，受美洲地形控制，由墨西哥湾的水汽和东太平洋的水汽北上，与北方冷气流相遇而快速形成，可称为北半球第一冰原；②斯堪的纳维亚冰原，由墨西哥湾湾流北上，到欧洲北部转变为北大西洋暖流，再与极地冷气流相汇而形成，可称为北半球第二冰原；③中国东部低海拔冰原，由北冰洋冰盆内极度干冷气流扩散到中国东部低海拔地区，并与黑潮和南海暖流带来的水汽相汇而形成，可称为北半球第三冰原。

　　由此可见，三大冰原的盛衰变化是控制全球海面变化的主导因素。在中国境内，高海拔地区的冰川属于自然梯度型冰川，低海拔地区的冰川属于北冰洋气候扩散区形成的冰川，这两类冰川的成因不同，不能简单地用高海拔地区的雪线来否定低海拔区古冰川活动的存在。

　　更新世期间发生过多次冰期、间冰期气候的交替出现，目前正处在间冰期的前半段，后半段将是气温持续增高、残存冰盖融化、海面升起、环境炎热，环境将不适宜人类生存。无论是否存在人类的干扰，我们居住的星球仍然按照固有的规律变化。为了了解我们居住环境的变化过程，特别是要正确知晓近200万年的演变史，必须对古冰川活动史、洋流变动、人类居住地的迁徙过程做进一步探索。冰期时期北半球三大低海拔冰原分布见图1-1。

第一节　洋流

　　洋流又名"海流"，古称"洋"。汉字中的"洋"字从水、从羊，"水"指水流、水体，"羊"意为"驯顺"，"水"与"羊"联合起来表示"像羊群顺走般流淌的水"，特指大海中浩荡的海流，亘古以来从不逆反，像羊群一般驯顺，可供水手驾驭、利用。顾名思义，海流就是海洋中的河流。浩瀚的海洋除了有潮水的涨落和波浪的上下起伏，还有一部分海水经常是朝着一定方向流动的。它犹如人体中流动着的血液，又好比是陆地上奔腾着的大河小溪，在海洋中常年默默奔流着。海流和陆地上的河流一样，也有一定的长度、宽度、深度和流速。一般情况下，海流长达几千千米，比长江、黄河还要长；而其宽度却比一般河流要大得多，可以是长江宽度的几十倍甚至上百倍；海流的速度通常为 $1 \sim 2$ n mile/h（1n mile $\approx$ 1.852km），有些可达到

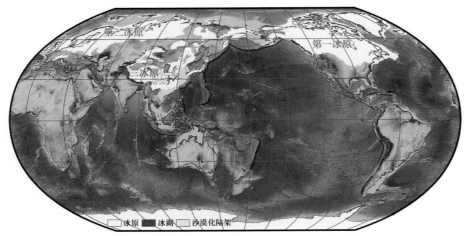

图 1-1　冰期时期北半球三大低海拔冰原分布示意图

4 ～ 5n mile/h。海流的速度一般在海洋表面比较大，而随着深度的增加则很快减小。盛行风是洋流的主要动力，海洋里那些比较大的水流，多是由强劲而稳定的风吹起来的。这种由风直接产生的海流称为"风海流"，也有人称之为"漂流"。由于海水运动中黏滞性对动量的消耗，这种流动随深度的增大而减弱，直至小到可以忽略，其所涉及的深度通常只有几百米，相对于几千米深的大洋而言，仅为一薄层。海流形成之后，由于海水的连续性，在海水产生辐散或辐聚的地方，会形成升、降流。在不同海域的海流由于海水温度和盐度的不同会产生密度差异，从而引起海水水位的差异，在海水密度不同的两个海域之间便产生了海面的倾斜，造成海水的流动，这样形成的海流称为"密度流"，又称"梯度流"或"地转流"。在北半球海洋中最著名的海流是湾流和黑潮。

海流按其水温低于或高于所流经海域的水温，可分为寒流和暖流两种，寒流来自水温低处，暖流来自水温高处，也就是说，从低纬度流向高纬度的海流为暖流，从高纬度流向低纬度的海流为寒流。世界上海流的分布见图 1-2。北半球存在两条巨大的流系，它们对更新世期间北半球三大冰原的形成有重要的影响。

图 1-2　世界海流分布图

一、墨西哥湾暖流

墨西哥湾暖流，又称"湾流"，是世界上最强大、影响最深远的一支暖流。北赤道暖流及圭亚那暖流汇聚于加勒比海和墨西哥湾后，经佛罗里达海峡流出，称佛罗里达暖流。它与东南来的安的列斯暖流汇合后，称墨西哥湾暖流，该暖流沿北美大陆架北上，在美国东海岸的哈特勒斯角附近偏向东北方向流动，在 45°N 的纽芬兰浅滩外缘，因受盛行西风影响而折向东流，并在 40°W 附近改称北大西洋暖流。虽然墨西哥湾暖流有一部分来自墨西哥湾，但它的绝大部分来自加勒比海。南赤道流、北赤道流在大西洋西部汇合之后，便进入加勒比海，通过尤卡坦海峡，其中的一小部分进入墨西哥湾，再沿墨西哥湾海岸流动，海流的绝大部分急转向东流去，从佛罗里达海峡进入大西洋。这支进入大西洋的湾流起先向北，然后很快向东北方向流去，横跨大西洋，流向西北欧的外海，一直流进寒冷的北冰洋水域，它的厚度为 200～500m，流速为 2.05m/s。湾流是由大西洋中的北赤道流和南赤道流中越过赤道的北分支汇合而成的。墨西哥湾是个巨大的温热"蓄水库"，它汇聚了南赤道流、北赤道流，还接纳了由信风不断驱入的大西洋表层暖水，因而墨西哥湾比附近大西洋水位高，湾内的海水从佛罗里达海峡流出，沿着北美大陆边缘向高纬度地区流动；与此同时，由于地转偏向力及其随纬度变化效应的共同作用，这部分越过赤道向北运动的暖水，便显著集中在大洋西部大陆边缘的一个狭带内，自西南向东北运行，成为分隔大洋西部近岸水系和大洋水系的一支强大暖流。湾流的规模非常宏大，它宽 60～80km，厚 700m，总流量达到 7400×10^4～$9300\times10^4m^3/s$，比陆地上所有河流的总流量还要高 80 倍。若与我国的河流相比，它大约相当于长江流量的 2600 倍，或黄河的 57 000 倍。墨西哥湾暖流与北大西洋暖流和加那利寒流共同作用，调节西欧与北欧的气候，见图 1-3 和图 1-4。

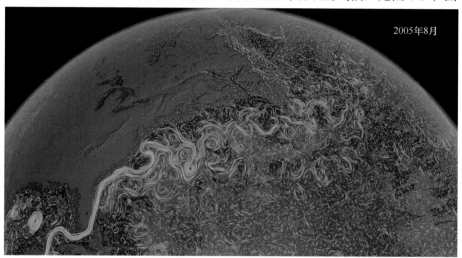

2005年8月

图 1-3　北大西洋暖流示意图

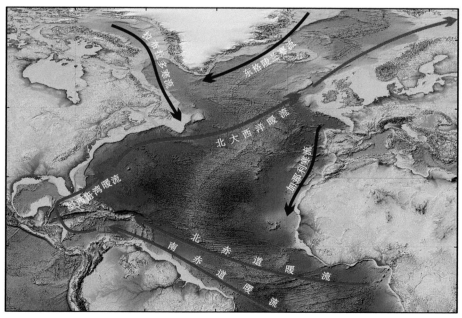

图 1-4　北大西洋流系示意图

湾流的流速相当大，在两侧往往有较弱的反向逆流。湾流的强流通常仅限于75km宽的一个窄带内，表层最大流速可达250cm/s，偏于流轴左侧，且有较明显的季节变化。湾流的厚度一般为700～800m，但当湾流离开哈特勒斯角之后，在水深超过4000m的深层大洋中也发现了湾流的踪迹。此外，在湾流之下的大陆斜坡上，还观测到一支流向与表层海流相反，且大致沿着1000～3000m等深线流动的深层"逆湾流"。

湾流蕴含着巨大的热量，它所散发的热量恐怕比全世界一年所用燃煤产生的热量还要多。由于它的到来，英吉利海峡两岸的土地每年享受着湾流带来的巨大热能。如果拿同纬度的加拿大东岸加以对照，差别更为明显：大西洋彼岸的加拿大东部地区，年平均气温可低到–10℃，而同纬度的西北欧地区可高到10℃。

湾流带来的暖湿空气在强劲的西风吹送下，可以到达西北欧大陆内部，这对形成西北欧暖湿的海洋性气候有重要的作用。因此，西北欧大陆上生长着苍翠的混交林和针叶林，而在同纬度的格陵兰岛上则绝大部分是终年严寒并为巨厚冰层覆盖的冰原区。

二、黑潮

黑潮，又称"日本暖流"，是北太平洋西部流势最强的暖流，由北赤道暖流在菲律宾群岛东岸向北转向形成。主流沿台湾岛东岸、琉球群岛西侧向北流，直达日本群岛东南岸，在台湾岛东面外海宽100～200km，深400m，流速最大时每昼夜60～90km，水面温度夏季达29℃，冬季为20℃，均向北递减。至40°N附近黑潮与千岛寒流相遇，在盛行西风吹送下，再折向东成为北太平洋暖流。

从宏观来看，黑潮起源于北赤道暖流，止于黑潮-亲潮扩展区。黑潮起源于开阔大洋，海水高温高盐、低营养盐、少悬浮颗粒、少微生物，相较邻近的同纬度边缘海海水，阳光透射水深更大，经散射和折射损失的比例更大，反射光更少而水色偏暗，因而得名"黑潮"。长期以来，我国对黑潮开展了大量的调查和研究，尤其是20世纪80年代以来，对黑潮实施了大规模的专题调查研究。众所周知，如果没有黑潮，中国海的环流体系将完全改变，中国海的海洋环境，如中国海的温度、盐度、密度分布与结构，以及水团配置、海洋生物资源及海底沉积物分布，都会是另一种面貌。在过去的冰期时期，黑潮是中国东部低山丘陵区古冰川形成的重要条件，黑潮及其变异不仅控制了几乎整个东海和邻近海域的水文分布与变化，还对中国东南沿海地区的气候变迁、古冰川的进退、降雨量多寡、降雪量的变动、渔业资源和航运具有巨大影响。黑潮流路见图1-5和图1-6。

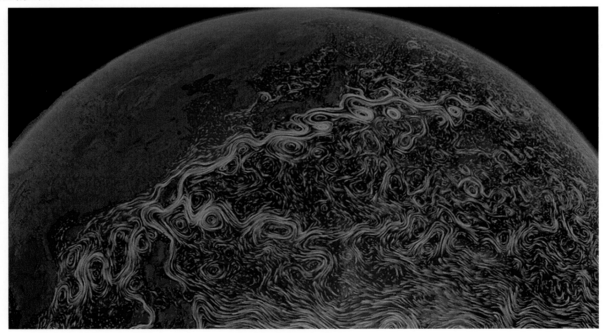

图1-5　黑潮流路示意图（1）

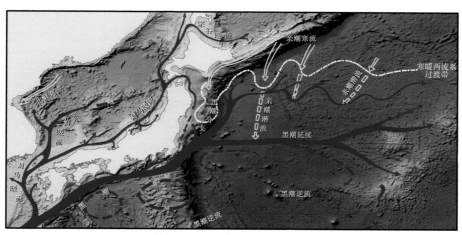

图 1-6 黑潮流路示意图（2）

黑潮沿台湾岛东岸北上，经台湾苏澳一与那国岛之间的水道进入东海。然后，它大体沿着 200～1000m 等深线陡峻的大陆坡朝东北方向流动，主流路径与等深线走向基本一致。当黑潮流经（30°N，129°E）附近海域时，几乎成 90° 转向东流，通过吐噶喇海峡返回太平洋，并沿日本南岸继续东流。

在台湾岛的东北海域，黑潮水入侵内陆架非常明显，甚至伸入 100m 以浅的近岸区域，成为台湾暖流水的主要来源。现代黑潮流路与海底地形的关系，见图 1-7。

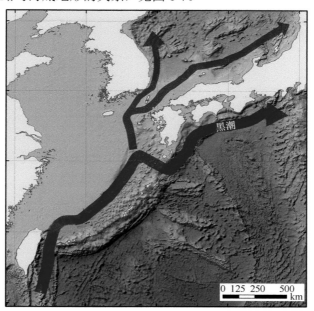

图 1-7 现代黑潮流路与海底地形的关系

湾流与北太平洋中的黑潮同为世界大洋中的著名强流。但与黑潮相比，湾流更以流速强、流量大、流幅狭窄、流路蜿蜒、流域广阔为特色，并具有高温、高盐、透明度大和水色高等一系列较显著的特征。这股来自热带的暖流将北美洲及西欧等原本冰冷的地区变成温暖适合居住的地区，对北美洲东岸和西欧气候产生重大影响。湾流在水量、热量和盐量输送等方面，都大于黑潮。此外，就对于邻近大陆气候的影响来说，湾流也比黑潮更显著。

三、拉布拉多寒流和东格陵兰寒流

（一）现代的拉布拉多寒流和东格陵兰寒流

拉布拉多寒流为北冰洋沿拉布拉多半岛南下的洋流，是流经加拿大北极群岛和拉布拉多半岛东岸的一支寒流。它发源于巴芬湾，向南流至纽芬兰岛东南外海和墨西哥湾暖流相遇，潜流于温水之下，时速1～2km。它在纽芬兰岛东南40°N附近与墨西哥湾暖流相汇，造成这一海域经常大雾弥漫及温水性鱼群和冷水性鱼群汇聚，形成世界有名的纽芬兰渔场。拉布拉多寒流还经常从北冰洋或格陵兰岛附近带来巨大冰山或浮冰，不仅降低海水温度，还给海上航运带来严重威胁。拉布拉多寒流为一支在北大西洋的冰冻洋流由北冰洋南部沿着加拿大纽芬兰和拉布拉多省岸边，经过纽芬兰岛，再向南流向新斯科舍省的寒流。拉布拉多寒流为巴芬岛寒流及西格陵兰寒流的延伸，见图1-8。

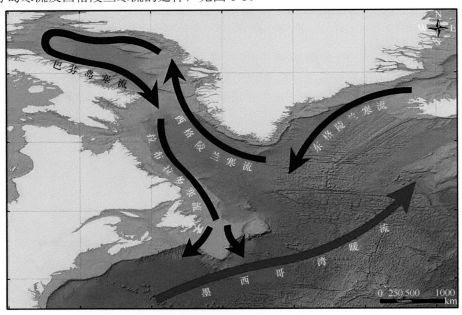

图1-8　拉布拉多寒流和东格陵兰寒流

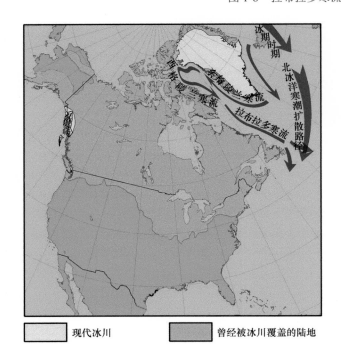

现代冰川　　曾经被冰川覆盖的陆地

图1-9　北美洲东部冰期时期北冰洋寒流、寒潮扩散路径

东格陵兰寒流是发源于北冰洋，沿格陵兰岛的东海岸向南流动的一支寒流。东格陵兰寒流强弱变化直接受北冰洋海冰生成与消融的影响。由于它源于高纬度海域，因此水温和盐度均较低（夏季水温为2.4℃，盐度为32.0～33.0），其流速约为1km/h，春季常挟带着许多浮冰和冰山。

（二）冰期时期的拉布拉多寒流

当全球气候进入冰期时期以后，发育在北美洲的劳伦泰德冰原逐渐发展起来，与冰岛、格陵兰岛连成一片，迫使拉布拉多寒流逐渐东移。冰期时期气候寒冷，北冰洋地区处于冰影区，并与冰期时期的湾流末端相遇，见图1-9，可以看出，冰期时期的拉布拉多寒流和东格陵兰寒流、西格陵兰寒流都面对北大西洋。

第二节 北冰洋周边两大冰原的形成

一、劳伦泰德冰原

北美洲的地形特征为：西部为科迪勒拉山系，东部为阿巴拉契亚山脉，中部为中央大平原。冰期时期来自北方的冷气流与源自墨西哥湾的水汽，很容易相遇形成大面积的固态降水，导致劳伦泰德巨型大冰原的形成；最后冰期的最盛时期，相当于距今 18 000 年前后，那时北美洲的大部分地区为劳伦泰德冰原（也称冰盖）所覆盖，其面积为 $12.5356 \times 10^6 km^2$（《杨怀仁论文选集》编辑组，1996）。该冰原形成以后，就改变和阻挡了当地冷空气南下的路径。劳伦泰德冰原的南界可到达美国大湖区以南，相当于 35°N 附近；东部边缘已进入大西洋陆架区；北部接近北极；西部与柯迪纳那冰原相连接。柯迪纳那冰川覆盖了加拿大西部的山地地区，以及该山系之间的平原区，向西可达美国阿拉斯加州，其面积可达 $2.26625 \times 10^6 km^2$，这样北美洲主要冰川的面积达 $14.80185 \times 10^6 km^2$（也有资料为 $1.6 \times 10^7 km^2$），厚度达 3000m（有些地区可达 4000m）。如此巨大冰盖的形成，是导致世界洋面降低的主要因素之一，见图 1-10。

图 1-10　劳伦泰德冰原（Denton and Hughes，1981）

二、斯堪的纳维亚冰原

最后冰期时期的欧亚大陆，冰川覆盖面积达 $6.7 \times 10^6 km^2$。斯堪的纳维亚冰盖为欧洲冰盖的主体，其面积为 $4.27 \times 10^6 km^2$，其他地区冰川范围较小，累计起来仅有 $0.69 \times 10^6 km^2$，相当于斯堪的纳维亚冰盖的 16%。欧洲及西伯利亚地区的冰川分布为：南界接近 50°N，北界可超过 80°N，而与北极浮冰相连，见图 1-11。

斯堪的纳维亚冰原覆盖了乌拉尔山脉（The Urals）及其两侧地区，它是俄罗斯境内大致为南北走向的一座山脉，位于俄罗斯的中西部，是欧亚两大洲的分界线。乌拉尔山脉的最高点位于中北部的人民峰，高 1895m。喀拉海和巴伦支海间的新地岛是乌拉尔山脉的延伸。乌拉尔山脉（67°46′N，66°10′E）山体主要由火成岩组成，还有变质岩、沉积岩等；山峰多呈浑圆状，以低山、中山为主，一般海拔 500～1200m；山脉西坡较缓，东坡较陡；该山脉属山地型大陆性气候。

在最后冰期，不列颠群岛的冰以各个高地为中心向外扩展，其中最重要的是苏格兰高地。在冰期最盛期，

图 1-11   第四纪冰期时期斯堪的纳维亚冰原最大范围

苏格兰的大部分地区被冰覆盖,爱尔兰和威尔士的北部也一样。冰原向南推进,曾到达与泰晤士河谷相当的纬度。

第三节   北冰洋冰盆的形成

北冰洋大致以北极为中心,介于亚洲、欧洲和北美洲之间,为三洲所环抱。北冰洋跨经度 360°,是世界上跨经度最广的大洋,也是世界大洋中最小的一个,面积仅为 $1475×10^6 km^2$,不到太平洋的 10%;南北跨度 2082km,东西跨度 5836km,海岸线长 45 390km,平均水深 1225m,最大水深 5527m(格陵兰海东北),年平均降水量为 75 ~ 200mm,海区平均气温为 –40 ~ –20℃;主要水体为巴伦支海、波弗特海、格陵兰海,主要岛屿为北地群岛、格陵兰岛、斯瓦尔巴群岛。北冰洋 2/3 以上海面全年覆盖着厚 1.5 ~ 4m 的巨大冰层。

当全球气候进入冰期时期以后,位于欧亚大陆的斯堪的纳维亚冰原和北美洲的劳伦泰德冰原,再加上格陵兰冰原和冰岛冰原,逐渐堆积、加高,形成巨大的冰盆。冰盆的盆底全部是厚达数米的浮冰,周边为 2 ~ 4km 厚的冰原。在冰盆内几乎长期见不到阳光,即使在夏季,受 2 ~ 4km 厚冰层的阻挡,冰盆内的冰面和大气获得的热量也非常稀少。在这种情况下,冰盆内大气的密度大大增加,空气不断收缩下沉,使气压增高,这样,便形成了一个势力强大、深厚宽广的冷高压气团。当这个冷性高压势力增强到一定程度时,就会像决了堤的海潮一样,一泻千里,汹涌澎湃地向劳伦泰德冰原的东部边缘和斯堪的纳维亚冰原的东部边缘南下,把北冰洋冷气流输送到低纬度地区,这就是冰期时期欧亚大陆和北美大陆的寒潮活动,当寒潮路径发生转变以后,就标志着巨大的冰盆形成了,也就出现了冰影区,见图 1-12 和图 1-13。

斯堪的纳维亚冰原和劳伦泰德冰原形成以后,它们就占据了间冰期时期的寒潮源地。北冰洋冰盆形成后,势必要形成新的寒潮源地和向低纬度地区移动的路径。经过分析,北冰洋冰盆区存在两大缺口,其一位于劳伦泰德冰原的东部,那时格陵兰岛的周边全部为浮冰所占据,拉布拉多寒流和东格陵兰寒流可能从 50°N 附近才能出现,该寒流路径与冰期时期的寒潮路径可能重叠,把冰盆内的异常低温频繁地输送给北大西洋。冰期时期北美洲寒潮路径的这一变动,对劳伦泰德冰原南部的美洲大陆影响甚微。其二位于斯堪的纳维亚冰原的东部边缘,并南下进入中国内陆。在这样的环境背景下,中国内陆成为冰期时期北冰洋寒冷气流的扩散区,是北半球中纬度地区唯一频繁经受寒潮侵袭的大陆,成为北半球中纬度地区最为寒冷的大陆。在现代的气候条件下,西伯利亚维尔霍扬斯克曾记录到 –70℃ 的最低温度,阿拉斯加的普罗斯佩克特地区也曾记录到 –62℃ 的气温。如果冰期时期冰盆内 70°N 附近能常年维持这样的低温气流南下,即使是在

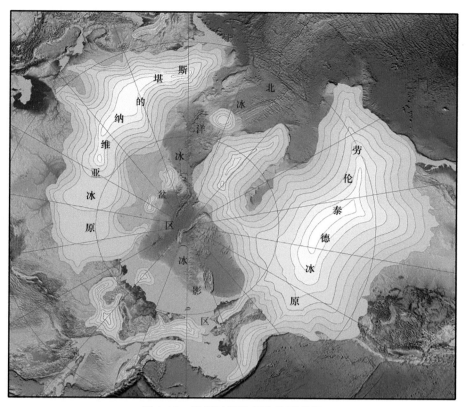

图 1-12　冰期时期北极冰盆示意图

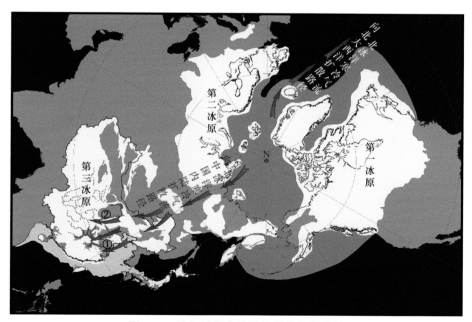

图 1-13　冰期时期北冰洋地区的寒潮路径

20°N 附近，也能使气温常年维持在 0℃ 以下。由此可见，中国东部低山丘陵区具备保持稳定的冰雪环境的条件。从图 1-13 可看出，北冰洋冰盆内的寒冷气流存在南北分异的相反流向，它们的共同点是都向南流动，它们的不同点是西半球的流路影响的是北大西洋，而东半球的寒冷气流影响的是中国内陆，导致中国东部低海拔型古冰川环境的形成。

第四节　冰期/间冰期寒潮路径的转换

一、北美洲现在的寒潮路径

北美洲地形明显地分为三个南北向纵列带，即西部是高大的山系（科迪勒拉山系），中部为广阔的平原（中央大平原），东部是低缓的高地（阿巴拉契亚山脉），如此三大南北向纵向分布的平原和山系对北美洲的气候产生了重要影响，见图1-14。

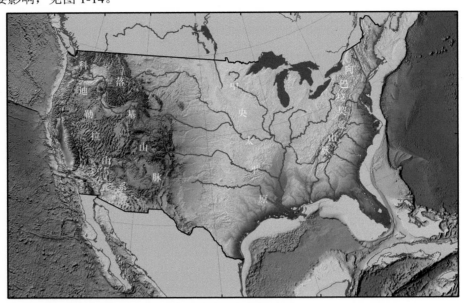

图1-14　北美洲地形轮廓

冬季，干冷的极地加拿大气团可径直南下，造成寒潮天气，使当地气温骤降；夏季来自大西洋的温湿气团可自由北上，直达哈得孙湾沿岸，带来闷热多雨天气。中部平原成为南北冷暖气团相遇、争逐的场所，气旋活动频繁，冬季尤为活跃。因此，中部平原天气多变，是北美洲气温和降水季节变化最大、大陆性较强的地区。极地加拿大气团和大西洋气团，由于科迪勒拉山系的阻挡不能西侵，因而只能活动于大陆的中、东部。

西部的科迪勒拉山系由三重山脉和一系列山间高原、盆地组成，不仅高度相当大，宽度也很大，沿海又缺乏深入大陆的海湾。因此，一方面科迪勒拉山系成为极地太平洋气团向东侵入的重要障碍，使温和湿润的海洋性气候仅局限于40°N以北的西岸，另一方面处于背风位置的山间高原和山间盆地成为半干旱和干旱气候。

东部的阿巴拉契亚山脉高度和宽度都不大，山脉的连续性也较差，并不构成气候上的显著界线，但对局部地区的气候仍有很大影响。例如，阿巴拉契亚山脉的西北坡冬季面迎经过五大湖地区并略有变性的极地加拿大气团，往往形成大雪；山地南部因高度较大，对大西洋气团产生抬升作用，形成地形雨，年降雨量在1500mm以上，成为北美洲多雨区之一。

北部在北极圈内为冰雪世界；南部加勒比海受赤道暖流之益，但有热带飓风侵袭；中部广大地区位于北温带。由于所有的山脉都是南北或近似南北走向，从太平洋来的湿润空气仅达西部沿海地区，从北冰洋来的冷空气可以经过中部平原长驱南下，从热带大西洋吹来的湿润空气也可以经过中部平原深入到北部，因此北美洲的气候很不稳定，冬季时而寒冷，时而解冻，墨西哥湾沿岸的亚热带地区冬季也会发生严寒和下雪的现象。

北美洲最冷月（1月）平均气温低于0℃的地区，约占总面积的3/4；整个北极群岛（北美大陆以北、格陵兰岛以西众多岛屿的总称）及格陵兰岛的大部分地区都低于 –32℃，格陵兰岛中部低至 0℃，成为西半球的寒极区。

北美洲中部和北部冬季常吹寒冷而强烈的暴风及陆龙卷风。北美洲的地形特征决定了冰期时期极容易形成巨大的冰原。

二、北美洲冰期时期的寒潮路径

在地球的北极，冬半年白天短、黑夜长，白天地面吸收太阳的热量远远少于黑夜放出的热量，因此温度就更低，天变冷，蒸发少，空气越来越干燥。又由于空气具有热胀冷缩的特性，因此寒潮发源地带的空气越缩越紧，密度增大，质量加大，造成向地面下沉的趋势，形成地面上的冷高压，冷高压一有机会就暴发南下，像潮水一样奔流而来，形成寒潮。更新世期间曾发生多次冰川活动，每当冰期来临时，北方的冷空气活动频繁，来自墨西哥湾的暖湿气流北上，形成大面积的降雪区，即使在夏季，冬季的降雪也不能融化，久而久之，就会逐渐加大冰川的厚度，经过数千年甚至万年的积累，终于形成稳定的劳伦泰德冰原。

当劳伦泰德冰原达到一定的厚度以后，北方的寒冷空气就无法越过它，来自北方的冷空气聚集到一定的压力之后就要暴发绕道南下，对于北美洲来说，最有可能的通道就是沿着劳伦泰德冰原的东侧边缘南下，进入北大西洋，所以劳伦泰德冰原的东部比西部更往南分布，见图 1-13。

三、欧亚大陆现在的寒潮路径

蒙古高原和西伯利亚东部是现代亚洲北部冬半年冷空气形成的源地。那里由于纬度偏高、冰雪反射率增大，因此密度较大的冷空气不断堆积加厚，成为北半球的重要寒冷区之一。地面风不断地向东传播，起源于北极地区的冷空气也随之南下，其前缘即为寒潮冷锋。冷锋过境时风向一般都转为西北，风速猛增，温度下降，气压升高。在现代气候条件下，新疆、内蒙古等地会出现沙暴，其前锋附近有时也会出现雨雪过程。在长江流域因水汽较多，寒潮南下时一般会形成雨雪天气。十分明显，寒潮源地的温度越低，强度就越大，反之则越小。所以寒潮是冷空气堆积到一定厚度以后，从源地流向纬度较低、温度较高的地区形成的。北极地区因太阳高度角极小，地面和大气吸收的热量亦极少，终年为冰雪所覆盖。冬半年因太阳斜射，加之昼短夜长，地面得到的太阳辐射能量更少，其放出的热量远远超过所吸收的热量，所以寒冷程度逐渐加强，范围扩大。冬季的温度一般为 –50 ～ –40℃，甚至有的地方还出现过 –70 ～ –60℃ 的低温。这些范围很大的冷气团聚集到一定程度，在有利的大气环流引导之下，大规模向南倾泻而下，形成寒潮。影响我国的寒潮主要有三个源地：新地岛以西的寒冷洋面、新地岛以东的寒冷洋面和冰岛以南的洋面。

我国位于世界最大大陆欧亚大陆的东南部，东临世界最大的海洋太平洋。冬季，空气从严寒的东西伯利亚高压区流向太平洋，强劲的冬季季风控制着我国内陆并直达东南亚。夏季情况正好相反，亚洲大陆内部强烈增温，整个大陆又被低压所控制，吸引太平洋上的空气流向大陆，形成以东南风为主的暖湿夏季风。冬季风来自北半球寒极——东西伯利亚，那里 1 月平均气温低达 –50℃，极端最低气温近 –70℃，空气严寒而干燥。每当寒潮过境时，气温迅速下降，天气异常寒冷。冬季寒潮活动十分频繁，使我国大部分地区日平均气温锐减 10℃ 以上的强大寒潮，每年平均有 6 次，稍弱的寒潮就更多了。常常是一次寒潮过后，刚刚回暖几天，第二次冷空气又接踵南下，寒潮间隙回暖期极其短促。正是在这频频南侵的冷空气控制和影响之下，我国成为世界上同纬度冬季最冷的地区。1 月平均气温我国东北比同纬度地区低 14 ～ 18℃，黄河流域低 10 ～ 14℃，长江以南低 8℃ 上下，就是两广沿海也要低 5℃ 上下。典型的对比就更为惊人。由表 1-1 可知，冬天（1 月）的满洲里冰天雪地，宛如极地风光；而亚洲大陆西部同纬度的法兰克福，气温还在 0℃ 以上，相差达 24.7℃ 之多。哈尔滨和波尔多 1 月的气温差值达到 24.9℃。往南随纬度降低，温度差值减小，但我国气温总是比同纬度地区要低。与全球同纬圈平均情况相比，我国冬季气温偏低了许多。

表 1-1　我国各地平均气温和世界同纬度地方的比较

地区	海拔（m）	纬度	经度	1月气温（℃）	年均气温（℃）	年较差（℃）
满洲里	666.8	49°34′N	117°26′E	−23.9	−1.4	43.1
法兰克福	102.7	50°07′N	8°40′E	0.8	10.2	18.6
50°N 平均				−7.2	5.8	25.1
哈尔滨	171.7	45°41′N	126°37′E	−19.7	3.6	42.4
波尔多	73.8	44°50′N	0°32′E	5.2	12.3	14.4
天津	3.3	39°06′N	117°10′E	−4.2	12.2	30.7
里斯本	73.6	38°43′N	9°09′E	10.8	16.6	11.7
40°N 平均				5.5	14.1	18.5
郑州	110.4	34°43′N	113°39′E	−0.3	14.2	27.5
波尔盖依	143.9	34°56′N	2°20′E	11.1	18.2	15.6
30°N 平均				14.4	20.4	12.6
台北	8.8	25°02′N	121°31′E	15.2	22.1	13.2
拿骚	10.4	25°03′N	77°28′E	20.3	24.3	7.4
20°N 平均				21.9	25.3	6.1

由表 1-1 可以看出，受现代寒潮带来低温的持续影响，我国东北北部比同纬度地区更加严寒。北半球欧亚大陆多年冻土南界越过俄罗斯乌拉尔山之后，在鄂毕河与叶尼塞河之间，大致沿 62°N 纬线向东推进，到叶尼塞河东岸南界线，向南直达蒙古国和我国阿尔泰山，然后沿蒙古国肯特山、杭爱山向东，进入东北大兴安岭、小兴安岭（47°～49°N）；欧亚大陆冻土南界于小兴安岭萝北附近再次进入俄罗斯境内，见图 1-15。因此，受寒潮影响，我国东北地区出现了同纬度上别处没有的低温条件，使得欧亚大陆的现代冻土南界由 62°N 向南突跃 12°～14°，抵达我国东北大兴安岭、小兴安岭。

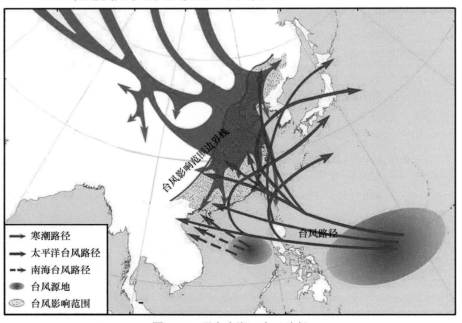

图 1-15　现在寒潮、台风路径

现代处在间冰期的气候条件下，由于受地形作用及海陆分布的热力影响，冬季欧亚大陆东岸形成大气对流层中稳定而强大的东亚大槽（低压槽），我国东部低山丘陵区正位于槽后，强大的西北气流常引导低层高纬度冷空气由西伯利亚南下入侵我国，而冬季的西伯利亚是北半球最寒冷的陆地，因此，侵入我国的冷空气常常很强，其中许多已达到寒潮的强度，使冬季我国东部低山丘陵区成为北半球同纬度最冷地区（图1-13，图1-16）。侵入我国的寒潮对应的地面冷高压路径可分为西方、西北方、北方、东北方四种。

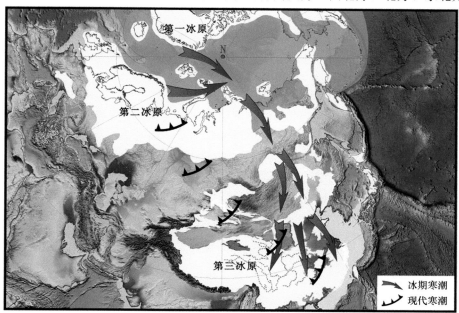

图1-16　冰期/间冰期寒潮路径转换示意图

　　（1）西北方路径：在新地岛以西的洋面上，冷空气经巴伦支海、俄罗斯进入我国。它出现的次数最多，达到寒潮强度的也最多，约占60%。

　　（2）北方路径：在新地岛以东的洋面上，冷空气大多数经喀拉海、泰梅尔半岛、俄罗斯进入我国。它出现的次数虽少，但是气温低，可达到寒潮强度，占19%。

　　（3）西方路径：在冰岛以南的洋面上，冷空气经俄罗斯、欧洲南部或地中海、黑海、里海进入我国。它出现的次数较多，但是气温不是很低，一般达不到寒潮强度，但与其他源地的冷空气汇合后可达到寒潮强度，约占15%。

　　（4）东北方路径：该路径占6%。

　　寒潮大风是由寒潮天气引起的大风天气。寒潮大风涉及面较广，我国北方地区的内蒙古、甘肃、宁夏、陕西北部、山西北部、河北、河南北部以及黑龙江、吉林和辽宁等地均是寒潮大风频发的地区，淮河以南到南海中部海域也会出现寒潮大风。寒潮大风主要是偏北大风，风力通常为5～6级，当冷空气强盛或地面低压强烈发展时，风力可达7～8级，瞬时风力会更大。

四、冰期时期中国内陆的寒潮源地

　　当欧洲斯堪的纳维亚冰原形成时，也就是欧亚大陆北部出现大陆冰川时，它好比为一条东西向的、近万千米长的冰山，也是高山。它的出现，势必会阻挡来自北冰洋的寒冷高压气流南下，迫使位于高纬度的、低海拔的、干冷的、压力逐渐增大的北冰洋气流积累到一定压力之后，在湾流末端的挤压之下，只能绕道从勒拿河谷地及其以东一带南下。

　　斯堪的纳维亚冰原形成时其北面为北冰洋海冰分布区，其南面到达50°～60°N一带，许多研究者估算该冰原的厚度达到2500～3000m。寒冷的低温气流无法越过斯堪的纳维亚冰盖，被迫经我国东北地区，进入东部沿海低山丘陵地区，直到我国的南方一带，给我国带来异常的低温，使我国成为北半球同纬度最为寒冷的地区，导致我国东部低山丘陵区古冰川环境的形成。

　　由此看来，冰期气候湾流带来的水汽导致欧亚大陆北部如此规模大陆冰川的形成，而它的形成又会进一步改变入侵中国的南下寒潮路径。不断向东北方向运行的湾流，还会挤压极地低温气流南下，对我国来说，就是东路寒潮和东北路寒潮得到加强。值得注意的是，东路寒潮和东北路寒潮的加强，在运行过程中又受科里奥利力的影响，不断向右偏转，给我国东部低山丘陵区带来异常的低温，使沿海地区要比同纬度的内陆冷得多，形成入侵型的低温环境。

通过上述分析，不难看出，当冰期来临时，寒潮源地会逐渐发生东移。达到冰期最盛时期时，进入我国东部低山丘陵区的寒潮则以东路和东北路为主；而当间冰期来临时，随着冰原的依次消亡，形成了如今以西路、西北路寒潮为主的态势。

随着更新世冰期／间冰期气候的交替出现，寒潮源地也会发生自西而东和自东而西的变化。毫无疑问，两者相互转化，共同影响和支配着我国东部低山丘陵区的气候变化，也是我国东部低山丘陵区曾出现多次古冰川活动的原因。在这样的环境背景下，东部地区的环境已不适合人类生存，同纬度的西部地区也许还可以，这就是在西部的冰期地层中能找到较暖环境化石的原因，见图 1-16 和图 1-17。

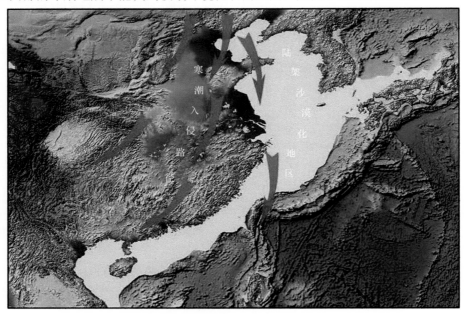

图 1-17　冰期时期寒潮入侵我国东部低山丘陵区的基本路径示意图

当全球气候进入冰消期以后，海面升起，东路寒潮逐渐减弱，西路、西北路寒潮加强，东部地区又逐渐变成适合人类生存的环境，于是东部地区的先民活动又逐渐繁盛起来。

第五节　雪线的变动

一、雪线的定义和适用范围

法国学者 P. 布格于 1736 年提出"雪线"一词，其含义为年固体降水量等于消融量的零平衡线。实际上，该定义只适用于一定地区，如终年温度低于 0℃的地区和北冰洋气候的扩散区就不适用。由此看来，雪线是在一定条件下，反映气候现象的空间概念，实际是具有一定宽度和高度的地带。在理想情况下，雪线上雪的积累量与消融量相等。就全球范围来说，雪线是由赤道向两极降低的。但是，雪线不是温度计，它不仅受当地海拔的控制，还受纬度、降雪量、坡度、朝向、山体走向、强冷空气是否通过、遭受洋流影响程度等因素的影响和制约，仅坚持和强调海拔一项指标是非常片面的，与实际调查资料不一致。在冰期时期，我国东部低海拔地区属于北冰洋气流的扩散区，在频繁活动的寒潮通道上，经常出现异常的低温，打破了当地固有的雪线格局，使雪线一次比一次大幅度降低，具备了冰川发育的充分条件，留下众多的古冰川遗迹，已被几代人的调查资料所证实。

二、冰期时期中国东西部地区雪线高度影响因素

冰期时期中国东西部地区的雪线高度受两种不同机制的控制：其一为自然梯度型（如青藏高原）；其二为异地入侵型（如东部低山丘陵区，属于北冰洋气流的扩散区）。前者主要指山地环境对气温的影响，即气温随高度上升而降低，每升高 100m，气温下降约 0.7℃，而山区地表气温的垂直梯度要小，每上升 100m，气温下降一般不多于 0.6℃。青藏高原一带的雪线高度，基本上受海拔的控制，属于自然梯度型。后者主要指我国东部低山丘陵区，特别是海退后的陆架平原区，主要受异地入侵型低温的影响，也就是北冰洋气流扩散的影响。冰期时期，寒潮发生频率和强度提高，把异地的低温气流，从高纬度地区输送到低纬度地区，在把持续低温气流带来的同时，也降低了雪线。我国东部的雪线高度，主要受冷空气入侵的制约，海拔的影响占次要地位。冷源面积的扩展使我国东部低山丘陵也变为冷源控制区，使那里的雪线高度大幅度降低。

两地环境背景不同，要用不同的理论去分析雪线高度，不能用一种模式或者一项指标来确定不同地域的雪线高度。特别是一提到雪线就从海拔 6000m 向下延伸，试图在理论上否定中国东部存在古冰川遗迹，这是早应抛弃的雪线对比论。

青岛市位于 36°N，年平均气温 13.7℃（1999 年）；拉萨市位于 29.7°N，年平均气温 9℃（1999 年），两地温差只有 4.7℃。若按自然梯度型算法，青岛市和拉萨市两地温差达 27℃，若以纬度每变动 1° 升降温 1℃ 进行校正，两地温差也要有 20℃。特别是在冬季，青岛市与拉萨市两地的气温非常相近，显示了寒潮活动对我国北方气象、气候环境产生明显的影响，见图 1-18。

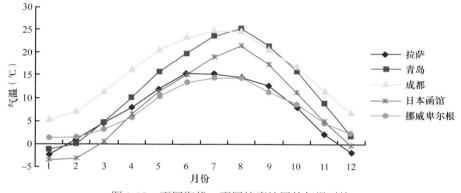

图 1-18　不同海拔、不同纬度地区的气温对比

成都市年平均气温 16.7℃（1999 年），海拔 500m，若与拉萨市相比，两地温差应达 23℃；与挪威的卑尔根、日本的函馆相比，都不符合简单的自然梯度型。可见，不能用简单的海拔来确定是否存在古冰川遗迹。

全球不存在统一的雪线，区域地形特征、当地气候状况和水文状况，特别是古寒潮活动是决定雪线高度的关键。更新世期间，崂山古冰坎的高度只有几十米，冰川活动最活跃时，崂山发育了特殊的冰帽冰川，由崂山顶向周围放射状排列多条古冰舌，在崂山东侧形成山麓冰川，南侧为山麓冰川和悬冰川，西北侧为山谷冰川。经初步勘测发现，崂山及其周围共发育了六十余条古冰舌，东部的冰碛物一直伸入黄海。

青藏高原与东部地区的温度梯度不同。青藏高原的气温变化属于垂直梯度变化，而我国东部低山丘陵区属于水平梯度变化，特别是以水平方向运行的寒潮活动，更加剧了水平梯度的变化量，所以两者无法比较，越比差距越大。

中国东西部地区冰川发育的性质不同。青藏高原的冰川属于比较稳定的冰川序列，它从第四纪初期就有可能出现了冰川，无论是冰期还是间冰期，它都保持一定的冰川规模，形成自身的雪线序列；而我国东部低山丘陵区的冰川属于不稳定性冰川，它在冰期时期匆匆而来，在间冰期时期又快速消亡，留下众多的古冰川遗迹。所以，这两地的冰川活动不能做简单的对比。

中国东西部地区并非为均一环境。冰期时期，我国的古环境依然要随全球性的洋流变动和大气环流的变化而变化，它们处于永不停息的变动中，怎么可能存在理想的均一环境？如果我国东部低山丘陵区无寒

潮活动，雪线概念就非常适用，那也就无冰川遗迹了。

　　雪线以上为冰川积累区，是形成冰川的摇篮。雪线以上还是粒雪盆的所在区，也是角峰、刃脊的分布区。雪线以下是冰川活动区，冰川的长短与冰川补给量有关。主要的冰碛地貌和冰蚀地貌都在雪线以下，如冰川的终碛、侧碛、中碛及冰川形成的"U"型谷、冰川纹泥、冰川的颤痕、磨光面、冰臼等。年青一代应该去探索我国古环境的变化，使我国古冰川遗迹研究得到持续发展。

第六节　"一湾一路"的变动是低海拔型冰川形成的直接原因

一、北美洲的"一湾一路"环境

　　北美洲的"一湾"指的是墨西哥湾暖流。冰期时期，墨西哥湾暖流携带大量水汽北上，与来自北冰洋的冷空气相遇，久而久之，在北美洲形成了劳伦泰德冰原。许多研究者估算该冰原厚达3000～4000m，为高大的冰山之陆，占据了间冰期时期寒潮的发源地，迫使冰期时期的寒冷气流发生东移。北美洲的"一路"指的是寒潮东移的路径。由于该寒潮路径直对着北大西洋，形成稳定的寒流，改变了洋底生物种群的变动与分布。

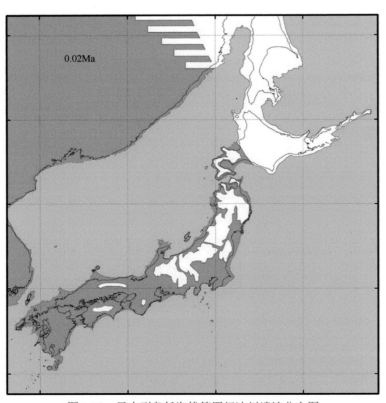

图1-19　日本列岛低海拔第四纪冰川遗迹分布图

二、欧亚大陆的"一湾一路"环境

　　欧亚大陆的"一湾"指的是墨西哥湾暖流沿北美洲东部继续北上的洋流，受其携带大量水汽和北冰洋冷空气的影响，发育了斯堪的纳维亚冰原。它逐渐加高以后，势必会改变和阻挡北冰洋寒流南下的路径。欧亚大陆的"一路"指的是冰期时期寒潮南下的路径。只有在斯堪的纳维亚冰原的东部，相当于冰原逐渐尖灭处（大约在贝加尔湖以北地区），才有可能是冰期时期寒潮南下的路径。冰期时期由南海暖流和黑潮带来的水汽与北冰洋冰盆向低纬度扩散的寒潮带来的低温气流相结合，就形成了广为分布的固态降雪，有利于中国东部大面积低海拔型冰川的形成。从宏观来看，"一湾一路"这一庞大体系的形成，是中国东部低海拔型冰川形成的直接原因，也是日本列岛低海拔型冰川形成的直接原因，见图1-19。

第七节　北半球第三冰原的研究过程

　　中国的冰川地质研究起步较晚，1907年，美国的威利斯等发现古生代南沱冰碛层，后被李四光订正为震旦纪。李四光是我国第四纪冰川学研究的奠基人。他在1921年即已在山西大同及河北太行山东麓发现冰川漂砾，识别出冰川流动形成的擦痕。20世纪30年代，他又在江西庐山发现冰川沉积物，在鄱阳湖边发现有冰川擦痕的羊背石，并在安徽黄山发现"U"型谷峭壁上的擦痕和具有擦痕的漂砾。在这些重要发现之后，李四光先后发表了《扬子江流域之第四冰期》和《安徽黄山之第四纪冰川现象》等论文，出版了专著《冰期之庐山》，划分了四次冰期和三次间冰期，为中国第四纪冰川学研究奠定了基础，并得到国内外同行的积极评价。20 世纪 40 年代，李四光考察了川东、鄂西、湘西、桂北和贵州高原等地，发表了一系列论述冰川遗迹和冰期划分的论著，50 年代在北京西山地区鉴定了多处冰川遗迹，并在 60 年代初亲自规划和主持全国的第四纪冰川研究工作。随后他又发表专文，指明古冰川应提出三项必不可少的冰流侵蚀、堆积和冰缘证据，以及一项反映寒冷气候的动植物证据来加以验证，并倡导第四纪冰川研究要结合生产建设，为国民经济服务。他在最后一部著作《天文·地质·古生物》中，在行星地球的层次上，他形成了有关"地球系统"的科学思想，纵述了地质史上的"三大冰期"，探讨了有关冰川和冰期的起源问题，认为它与地壳运动相联系，与地球轨道变化有关，是由一些非周期性和周期性的因素复合起来决定的。第四纪大冰期内的冷暖气候变化是全球性的，而且对人类的产生与发展和地质环境演变有着深刻的影响。在 20 世纪 60 年代初，李四光还根据华北平原 10 000 多口井的钻井资料，发现太行山东麓的华北平原存在埋藏型冰碛物。这一思路对于陆架古环境的研究产生了重大影响。北黄海周边山地和太行山在同一纬度，北黄海海底是否也存在埋藏型冰碛堆积，这是值得进一步探究的事。更新世时期，全球气候曾有数次冷暖变化，冰川作用随之重复发生。气候寒冷时，降雪量增加，发育大规模的冰川，称为冰期；气候变暖时，冰期大规模消退，称为间冰期。最近一次冰期发生在距今 70 000～15 000 年。现在正处于第四次冰期后的间冰期。李四光、李承三、周廷儒、安德森（Anderson）、笛·特拉（De Terra）、魏斯曼（Wissmann）等都论述过中国东部存在古冰川活动。目前，我国古冰川研究仍处于初始阶段，即"有没有"阶段。随着时间的推移，以及调查资料的积累，在不远的将来，我国古冰川遗迹的研究将会得到新的发展。

地质部门在太行山东麓的山前平原，打了 10 000 多口钻井，发现大量被埋藏了的古冰川遗迹；在北京西山也找到了大量古冰川堆积地貌和侵蚀地貌，特别是在北京西山模式口发现了更新世冰川活动，在基岩面上留下了冰溜面遗迹。在八大处公园中还有许多带有古冰川擦痕的冰川漂砾。老一辈的地质学家，不知花费了多少人力和物力，才找到如此典型古冰川活动的证据。模式口冰川擦痕是 1954 年由地质学家李捷发现，经李四光先生鉴定确认的。该冰川擦痕形成于距今 300 万～200 万年，痕迹清晰，集中而成片，是在我国北方极为罕见的发现。现在一块带有古冰川擦痕的冰川漂砾，已被陈列在中国第四纪冰川遗迹陈列馆，该馆不但向广大观众传播介绍地球、地质方面的科普知识，而且弘扬了李四光等老一辈科学家为攀登科学高峰不畏艰险、奋斗不止的爱国主义精神，同时也为地质界专家学者提供了一个实地考察、学术交流的活动场所。赵松龄和张宏才（1979）也曾在北京西山灵岳寺发现一条带有多条侧碛堆积、终碛堆积的古冰川堆积，在冰碛物中找到两块带有擦痕的冰川漂砾。中国东部低山丘陵区古冰川遗迹的研究，在许多地区都有所发现。

李四光是中国东部存在古冰川遗迹的发现者。1933 年，他又在位于（29°30′N，116°00′E）、海拔 1480m 的庐山发现了冰川地形，如在庐山大月山西侧发现了大坳冰斗群，在汉阳峰之东发现了五乳寺冰斗群、鼓子寨冰斗群，后来又在仰天坪之北发现了黄坳冰斗群。这些古冰斗群海拔约 1200m，代表了古雪线高度。冰斗中的粒雪集聚到 40m 以上时，底部便开始形成冰层，冰层不断地向后扩展挖掘，最终形成前边有个冰坎的冰斗。芦林湖、三逸乡（植物园）、黄龙寺曾是古冰窖的所在地，是庐山上储冰的场所，外观形态与冰斗相似，但比冰斗范围大得多，高度也稍低一些。

在雪线之上的山岭西侧，常有冰斗及冰窖分布。由于冰斗、冰窖不断向后扩展挖掘，山岭越变越窄，犹如刀刃，此种山脊称为刃脊，以大月山、含鄱岭最为典型。若山岭四周都分布有冰斗及冰窖，山岭就会变成孤立而陡峭的山峰，此种山峰在冰川地质学上称为角峰。从含鄱口南望，所见的犁头尖、太乙峰就是两个典型的角峰。庐山的王家坡、大校场、青莲寺、白沙河、莲花谷、东谷、西谷、锦绣谷都是冰川"U"型谷遗迹。"U"型谷中流动着的冰川厚度一般都大于 60m，巨厚的冰层中冻结着各种大小不同的岩石块，可将"U"型谷中的岩块砂土全部卷入冰流之中，久而久之"U"型谷底又宽又圆。由于冰川前进的速度时快时慢，所经过的岩层有硬有软，加之冰川的挖掘作用，自上而下会形成冰阶、冰盆相间出现。王家坡"U"型谷之中的碧龙潭就是一个冰阶伴一个冰盆。也有人认为，青莲寺"U"型谷之下的三叠泉，就是冰期后期流水在先期冰阶、冰盆基础上改造的结果。望江亭与东林寺之间的剪刀峡是冰川套谷遗迹，即在前期形成的"U"型谷中又套出了一个后期形成的深而窄的小"U"型谷。冰川有时沿山坡下溜，可将山坡磨得又光又陡，上面还常有一些冰川擦痕，此种山坡称为冰溜面或冰坡，小汉阳峰之西的金竹坪就是冰坡遗迹。当冰川沿"U"型谷溜到山脚时，常挖掘出一些洼地，使冰川加厚囤积，此种洼地称为盘谷。盘谷前常有一道山梁形的冰坎，冰坎一端常有个出水口，另一端还有个风口。冰川囤积后可爬越冰坎变成冰汛或冰伐流向山前平原。冰川与软硬岩石相擦时，软岩石上常会出现一头深一头浅的"钉头鼠尾"状条痕或擦槽，此种条痕或擦槽称为冰川条痕或冰川擦槽。在锦屏山、大校场、张家老屋、青莲寺等地，都曾发现过极其珍贵的冰川条痕。当两种岩石硬度相当时，岩石的接触处便会形成磨光面，一面磨光的岩石块称为熨斗石。当挟带大量岩石块的冰川前进受阻时，便会产生颤动，常使硬而脆的岩石上形成环弧状新月形擦口，这种擦口称为冰川擦口，在庐山地区最为常见。冰川前进中，当碰到生根的矮小的基岩阻挡时，可从上面爬过去，而且会将迎着冰川的一面磨得又矮又光，背面则相对陡而粗糙。冰川融化后，这些被冰川爬过磨过的基岩，犹如伏卧的羊群，所以称为羊背石。当冰川碰到比冰层高的小山包时，就不能翻山而过，而是被山劈成两半。冰川可将迎冰川的一头山包磨得又陡又窄，另一头则相对较宽，冰碛物常沿宽的一头后方堆积。冰川消失后远远看去，山包已变成了一个巨大的鼻子之状，称为鼻山尾。鄱阳湖中心的大姑山（鞋山）就是冰川遗迹鼻山尾。冰川流到山脚下平原后，由于地势变低、气温升高，逐步融化，其中冻结的大小石块及沙土毫无分选地互相混杂堆积，此种堆积物称为冰碛泥砾。冰碛泥砾在冰川两侧堆积成的山垅称为侧碛垅，如高垅的侧碛垅。冰碛泥砾在冰川末端垂直冰川方向堆积的山垅称为终碛垅，赛阳垅、蛇头岭、新桥、下青山、马头镇、金锭山、叶家垅都是冰川终碛垅。终碛垅后方围成的冰水湖称为冰碛湖，谷山湖便是之。冰川挟带的巨型岩块在冰化后堆叠在一起，称为冰台或冰桌，西谷的飞来石就是巨大的冰桌。在距庐山约9km、海拔约115m的鄱阳湖畔，李四光也发现了漂砾黏土层。此外，沿鄱阳湖岸可见羊背石、终碛和冰川沉积。李四光用庐山地区和邻近地区的调查推翻了巴尔博与德日进的观点，并毋庸置疑地证实了长江下游各山脉有过古冰川作用。

李四光于1952年在位于长江南岸（30°32′N，117°40′E）的九华山也同样发现了形态表现很好的冰川地形。在九华山的顶部有标准的向北开口的冰斗，而后过渡到冰川槽谷，谷底有无数的漂砾，漂砾巨大，超过切割这一冰川槽谷的现代河流所搬运的漂砾群多倍。根据李四光的调查，长江下游地区有过三次冰川作用，其中发生最古和分布最广泛的一次他称为"鄱阳湖"冰川作用，随后是"大姑"冰川作用，不言而喻，这两次冰川作用包括了低地平原在内的广大地区（与崂山古冰舌的分布特征非常类似），第三次是"庐山"冰川作用。从异处过来的泥石称为"冰碛泥砾"或"漂砾"。

李承三（1940）和高泳源（1942）在长江下游地区西北高约2000m的大巴山山脉西部发现了冰川遗迹，如冰川槽悬谷、夹有磨光卵石的冰碛石。郭令智（1943）在大巴山山脉东部也发现了冰川遗迹，根据冰川地形、冰碛石和由冰水沉积所构成的上部阶地的分布，他把大巴山东部分为三个冰川期。他称之为"九湾子"的最古的冰川遗迹是在海拔约800m处发现的，见有底碛、侧碛和构成上部阶地的冰水沉积。1950年，严钦尚所领导的勘察队在大兴安岭地区进行了调查，发现了在山脉东坡发育较好的围谷、冰川槽、羊背石、冰碛石和其他冰川侵蚀、冰川堆积地形。根据对这些冰川地形的研究，他们推断：这个地区至少发生过两次冰川作用。同年，北京大学和清华大学的一批地质学家在阴山山脉发现了古冰川遗迹，在海拔不超过1000m的白马关山系发现了许多冰川侵蚀遗迹（冰斗、冰川槽悬谷等）（戴鹏飞，2017）。

此外，在中国东南沿海地区，在平均海拔600～700m处也发现了古冰川遗迹。该地区的位置近于27°N，距中国东海岸13km，在浙江和福建两省的交界处。1950年在该地区进行调查的孙云铸（1951）指出，他发现了冰川槽、悬谷、冰斗、围谷，以及许多冰碛石堆积（即未经分选的红色壤土和黏土层，并夹不同大小和浑圆度的具有明显可见的冰川磨痕的卵石），冰碛层的厚度为5～15m，他认为该处的冰川和庐山地区的冰川是同时代的。1954年地质学家李捷在勘测永定河引水渠地质地貌时发现，在模式口街的翠微山东南脚下，永定河引水渠北侧的山坡上有一处裸露的岩石表面有许多刨蚀而成的深、细、长的痕迹，而且大都指向东南，经过李四光等国内外专家学者鉴定后，这些痕迹被认定为第四纪冰川擦痕。专家学者认为，这个冰川擦痕形成于距今300万～200万年，在我国北方是首次发现，这种擦痕在北方极为罕见，是华北罕有的科学实物资料。冰川擦痕的发现，为研究远古地质、气候、生物及古人类提供了极为珍贵的资料依据。因此，这一发现曾震动了世界地质界。1955年，地质部与北京市人民政府将其列为重点文物保护单位，并设护栏加以保护。

第八节　北半球第三冰原的形成

北半球第三冰原可称为混合型冰原，该巨型冰原由两部分组成：①低纬度、高海拔型冰川群发育区；②低纬度、低海拔型冰川群活动区。两者共同构成北半球第三冰原。

一、低纬度、高海拔型冰川群

青藏高原是低纬度、高海拔型冰川群的典型代表。青藏高原包括西藏、青海西部、四川西部、新疆南部，以及甘肃、云南的一部分，总面积$250×10^4km^2$。喜马拉雅山脉东西绵延2400多千米，南北宽$200～300km$，由几列大致平行的山脉组成，平均海拔高达6000m，是世界上最雄伟的山脉。

二、低纬度、低海拔型冰川群

影响中国东部低山丘陵区古冰川活动范围的最主要因素是古冬季风活动，也就是古寒潮活动，古寒潮活动的影响范围基本上就是古冰川活动和冰缘环境的分布范围，这可能是近年来许多研究者在我国南方能找到古冰川遗迹的原因。

第三冰原的分布面积非常广泛，除中国境内的几块沙漠分布区、黄土高原和华北平原以外，均发源了低海拔型山地冰川，估算其分布面积达$4×10^8km^2$，见图1-20。

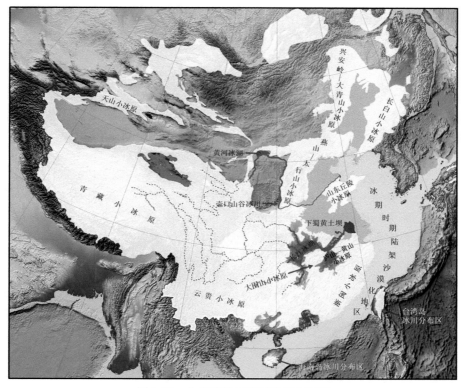

图1-20　北半球第三冰原冰川分布图

第九节　北半球三大冰原的对比

一、相同处

（1）北半球三大冰原都属于低海拔型大冰原分布区。

（2）北半球三大冰原都与洋流活动有关，劳伦泰德冰原和斯堪的纳维亚冰原与湾流活动有关；亚洲东部混合型冰原的形成与黑潮活动有关。

（3）北半球三大冰原都属于"动态类"冰川（也可称为不稳定性冰川），这类冰川只形成于冰期，间冰期来临，它就会快速消失。

（4）北半球三大冰原都属于"一湾一路"型冰原。劳伦泰德冰原和斯堪的纳维亚冰原的形成，与湾流和劳伦泰德冰原东侧的寒潮有关；亚洲东部混合型冰原的形成也与湾流活动和斯堪的纳维亚冰原东侧的寒潮有关。

（5）进入冰消期以后，三大冰原的消亡都对全球海面的上升有特殊的贡献：劳伦泰德冰原的消亡使世界洋面升高约 60m；斯堪的纳维亚冰原的消亡使世界洋面升高约 40m；亚洲东部混合型冰原的消亡使世界洋面升高约 30m。

（6）三大冰原区都存在冰消期形成的圆形冰臼、半冰臼和旋转柱、旋转球。

（7）三大冰原的前缘都存在黄土堆积。

（8）三大冰原都存在冰原下的喀斯特地貌。如果说黄土是更新世连续沉积地貌的代表，冰原下的喀斯特地貌就是更新世连续侵蚀地貌的代表。

（9）三大冰原区的现代河流，均在过去的冰川谷中运行。

二、不同处

（1）劳伦泰德冰原和斯堪的纳维亚冰原属于高纬度、低海拔型冰原；亚洲东部混合型冰原属于低纬度、低海拔型冰原。

（2）劳伦泰德冰原和斯堪的纳维亚冰原的形成，直接受湾流活动的影响，而亚洲东部混合型冰原是间接受湾流活动的影响。

（3）劳伦泰德冰原东侧的寒潮路径，直接影响大西洋北部，把极地寒冷气流直接输送给北大西洋洋底，成为全球洋底大循环的冷源供应源；斯堪的纳维亚冰原东侧的寒潮路径，直接对应中国东部低海拔地区，导致低海拔冰原的形成。

（4）劳伦泰德冰原的南侧为中央大平原分布区，冰期时期那里受寒潮的影响十分有限；斯堪的纳维亚冰原南侧的欧洲平原也不受寒潮的侵袭；而中国东部低山丘陵区则是寒潮频繁活动的场所。

（5）劳伦泰德冰原南侧的中央大平原及其两侧属于低海拔地区，那里很少发育类似中国东部的低海拔型山地冰川；而中国东部属于极地寒冷气流的扩散区，普遍发育低海拔型山地冰川。

（6）劳伦泰德冰原和斯堪的纳维亚冰原都是国外冰川地质学家首先发现；位于中国东部的北半球第三冰原，则是国人所发现，李四光在百年前首先发现低海拔型古冰川遗迹。

第十节　劳伦泰德冰盖边缘和中国崂山东侧冰碛海岸对比

一、劳伦泰德冰盖边缘的冰碛海岸

在最后冰期时期，加拿大和美国北部劳伦泰德冰盖覆盖地区在 3000～4000m 厚的冰川压力之下，地壳平均下陷约 120m，冰川侵蚀形成的物质有很多在现在的滨海带堆积下来。当冰消期来临之后，只经过约 8000 年的时间，那些巨型冰盖便完全消失，失去重荷的地壳发生回弹作用，使那里的海岸又不断上升。在冰盖消失的过程中，由于温度和水分适宜，北美洲的原有冰川覆盖区很快转变为一片林海。冰盖覆盖地区地壳的这种变动被地球物理学家称为地壳均衡运动。当冰盖消退以后，巨量冰川融水回归海洋，引起全球性海面升高，在劳伦泰德冰盖边缘形成了冰碛海岸，见图1-21～图1-29。

图1-21　劳伦泰德冰盖边缘康涅狄格州冰碛海岸之一

图1-22　劳伦泰德冰盖边缘康涅狄格州冰碛海岸之二

图1-23　劳伦泰德冰盖边缘康涅狄格州冰碛海岸之三

图1-24　劳伦泰德冰盖边缘康涅狄格州冰碛海岸之四

图1-25　劳伦泰德冰盖边缘康涅狄格州冰碛海岸之五

图1-26　劳伦泰德冰盖边缘康涅狄格州冰碛海岸之六

图1-27　劳伦泰德冰盖边缘康涅狄格州冰碛海岸之七

图1-28　劳伦泰德冰盖边缘康涅狄格州冰碛海岸之八

图 1-29　劳伦泰德冰盖边缘康涅狄格州冰碛海岸之九

二、中国崂山东侧的冰碛海岸

通过大量的地质调查，发现崂山不仅存在古冰川遗迹，还是我国大陆海岸线上唯一的一段 10 多千米长的冰碛海岸（由古冰川搬运的巨大石块，在地质学上称为冰碛物、漂砾），岸外有若干个由古冰川漂砾形成的冰碛群岛，岸内还有崂山山麓冰川活动所遗留下来的"漂砾海"，海岸上有延伸到黄海中的古冰舌堆积，并形成崂山海岸特有的、由冰碛物组成的海蚀陡崖。崂山的冰碛海岸，在全球中纬度海岸上也是罕见的，见图 1-30～图 1-39。崂山冰碛海岸的发现，用无可辩驳的事实证明：中国东部低山丘陵区普遍存在古冰川遗迹，只不过有的地方被保存下来，有的地方未能保存，由于海岸一带人类的频繁活动，许多古冰川遗迹已经消失或正在消失。

图 1-30　崂山东侧冰碛海岸之一

图 1-31　崂山东侧冰碛海岸之二

图 1-32　崂山东侧冰碛海岸之三

图 1-33　崂山东侧冰碛海岸之四

图 1-34 崂山东侧冰碛海岸之五

图 1-35 崂山东侧冰碛海岸之六

图 1-36 崂山东侧冰碛海岸之七

图 1-37 崂山东侧冰碛海岸之八

图 1-38 崂山东侧冰碛海岸之九

图 1-39 崂山东侧冰碛海岸之十

第二章
北半球第三冰原的主要冰川类型

　　古冰川地质环境的研究，表面看来是地质学的问题，也有人认为是自然地理学的问题。实际上，古冰川地质环境的形成与变动与北半球洋流的运行、大气环流的输送密切相关，这两大因素均属于流动体系，都在不停地变动，也使古冰川地质环境不停地发生变化。

　　第三冰原的发育，归因于"一湾一路"的变化。"一湾"指的是墨西哥湾暖流，湾流带来的部分水汽，与来自北冰洋的冷气流汇合，除了形成劳伦泰德冰原，还在西风带的影响下，导致欧洲和亚洲共有的斯堪的纳维亚冰原的形成，该冰原的形成占据了间冰期时期的寒潮源地，迫使冰期时期亚洲地区的寒潮路径东移，使中国东部低山丘陵区成为冰期时期北冰洋寒流南下的唯一扩散区，这就是"一路"。更新世期间，在北冰洋寒流南下的扩散区内，冷空气与由印度洋暖流带来的水汽相结合，最终导致低海拔型冰川的形成。

　　中国是亚洲最大的国家，地形复杂。冰期时期是否出现低海拔型古冰川活动，不仅受当地的雪线高度的影响，还受当地是否经常受到寒潮侵袭的控制。洋流与寒潮的联合作用是中国出现低海拔型冰原的直接原因。

　　在冰期时期，中国东部低海拔地区属于北冰洋气候区的扩散区，在频繁活动的寒潮通道上，经常出现异常的低温，打破了当地固有的雪线格局，具备了冰川发育的充分条件，留下众多的古冰川遗迹，这已被几代人的调查资料所证实。而在冰期时期的北美洲，其北部被劳伦泰德冰原所占据，厚度达 4km 的冰原阻挡了来自北冰洋的寒潮，所以在美国的南部地区，低海拔山地冰川并不发育，这是与中国内陆环境背景不同之处。如果将美国南部冰期时期的环境特征套到中国来，显然存在问题。尽管欧洲、北美洲和中国内陆纬度相近，但遭受寒潮侵袭的程度各异。中国内陆是冰期时期北半球唯一受到北冰洋寒冷气流直接侵袭的大陆；而沿北美洲东部地区南下的北冰洋寒冷气流，直接吹向北大西洋，位于劳伦泰德冰原南部的美国大陆在冰期时期很少受到寒潮的侵袭，位于欧洲中纬度的国家和地区在冰期时期无寒潮活动的环境背景，这就是环境背景上的明显差异。

第一节　冰川的形成、冰川运动和冰下喀斯特地貌

一、冰川的形成

　　当全球气候进入某一特定时期的时候，降落在地面以上的大量积雪在重力和巨大压力下逐渐形成具有一定规模和形态，并能向某一方向运动的，长时间存在于中、高纬度地区和几乎是任何海拔地区的天然冰体，它能够在自身重力作用下，沿着一定的地形向下滑动，在向下移动过程中，还挟带着许多大小不一、形态各异的岩石块体一同运动。冰川地质学家可以根据被遗弃的岩石块体，重新复制古冰川形成的规模，探索古冰川的变化，追溯古气候变化的过程。

　　雪花看起来都是六角形，其实它们也是各不相同的，有研究者统计了 3000 多个雪花样品，竟然未发现有完全相同的雪花。

　　雪花转变为粒雪：如果外界的温度低于 0℃，雪花一落到地面上就会随着外界条件和时间的变化而变化，雪花的边缘部分能通过凝华作用，汇集到雪花的中部，雪花的边缘逐渐消失，中部膨胀起来，从而成为粒雪。

　　粒雪转变为粒冰：底部的粒雪在上层的重压下发生缓慢的沉降压实和重结晶作用，粒雪相互联结合并，减少空隙，同时表面的融水下渗，部分就冻结起来，使粒雪的气道逐渐封闭，被包围在冰中的空气就成为气泡，当集合体的密度达到约 0.84g/cm^3 时，颗粒之间便没有空隙，变得不可渗透，这就是从粒雪到粒冰的转化。

　　粒冰转变为冰川冰：粒雪变成粒冰后，随着时间的推移，粒冰的硬度和它们之间的紧密度也在不断增加，大大小小的粒冰互相挤压，紧密地镶嵌在一起，其间的孔隙逐渐减小，以致消失，雪层的亮度和透光度逐渐减弱，于是冰川冰就形成了。雪花转变为粒雪和冰川冰的过程也不完全一致，尽管中间过程略有差异，但最终是一致的，见图 2-1 和图 2-2。十分明显，由很多的粒冰，才能组成一个冰川冰的晶体，更多的冰晶

群体才能构成冰川。在老冰川冰消融过程中可以看到，每个冰晶的长度一般在 10cm 左右，形体非常不规则，其中多含有气泡。冰层中具有地质学上所能见到的多种构造特征，如褶皱、向斜、背斜等。随着时间的推移，冰川的厚度越来越大。由于冰期的时间要以若干万年为单位，因此年均温低于 0℃ 的地区，年降雪量就会有所积累。经过几万年的聚集，冰川的厚度可达几十米、几百米，甚至达到 3 ～ 4km。

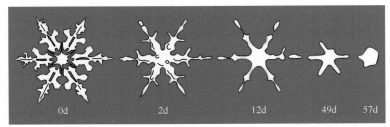

图 2-1　雪花转变为粒雪的过程（李培英等，2008）

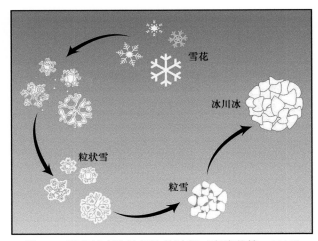

图 2-2　雪花转变为冰川冰的过程（李培英等，2008）

　　雪线以上的区域，从天空降落的雪和从山坡上滑下的雪容易在地形低洼的地方聚集起来。由于低洼的地形一般都是状如盆地，而山坡上的洼地总会有一个开口，当洼地内的雪积累到一定的厚度以后，洼地就转变为粒雪盆；再进一步发展，新生的冰川就会从开口流出，这就是山谷冰川发展的早期阶段，见图 2-3 和图 2-4。发育成熟的冰川一般都有粒雪盆和冰舌，雪线以上的粒雪盆是冰川积累区，雪线以下的冰舌是冰川消融区。

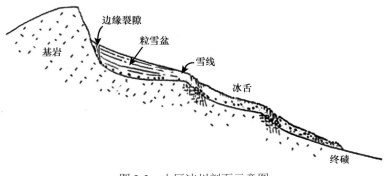

图 2-3　山区冰川剖面示意图

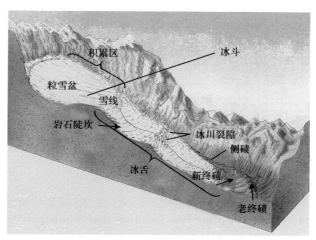

图 2-4　粒雪盆示意图

二、冰川的运动

　　大规模冰川作用可以持续数万年到数十万年，冰川的厚度可达 3 ～ 4km。水冻结成冰时，体积要增加9% 左右。白天融化的冰雪水在晚上重新在岩石裂缝里冻结，对周围岩体施展着强大的侧压力，压力最大可达 2000kg/cm² （1g 水结冰时膨胀力为 960kg/cm²）。在这样强大的膨胀力面前，一般的岩石都会破裂而形成劈石。

　　冰的厚度累积到临界厚度（约 40m）时，在重量和重力的作用下，会开始移动。冰体能弯曲而不破裂，所以在深处没有裂缝。冰川的表面多有裂缝。冰川移动速度不等，从每天几厘米到 10m 左右。

　　冰川底部会有暂时的融水渗入谷底岩石裂缝里，冻结时也会产生强大的冻胀力。这种冻胀力可以使谷底岩石产生频繁冻胀、多次劈开，一些小的碎块会被冲走，大的岩块得以保存，于是在厚层冰川底部会形成由融冰水冲蚀、磨蚀而成的千奇百怪的、短柱型的、犬牙交错的、高度相近的、相互平行的、含有冰臼和半冰臼的、表面非常光滑的柱状集合体，这种集合体多见于我国的南方山谷中。发育在山区的冰川，在重力作用之下，就要不断地向低处运动，这就是冰川运动，见图 2-5。冰川运动的速度，日平均不过几厘米，速度快的也不过数米，以致人们发觉不出冰川是在运动。由于冰川的各部位都含有冰碛物，当冰川处于发育阶段时，大部分冰碛物被输送到冰川的末端，而成为终碛；分布在冰川两侧的冰碛物为侧碛。当冰川处于衰退阶段时，大多数冰碛物富集在冰舌部位。当冰川完全消融时，那些被冰川搬运而来的冰碛物就组成了古冰舌堆积体，它们是冰川的表碛、内碛和底碛的混合堆积体。如果冰川发育在平坦的丘顶、山间平原上，在冰川退缩之后，就不会留下太多的冰期碛物。

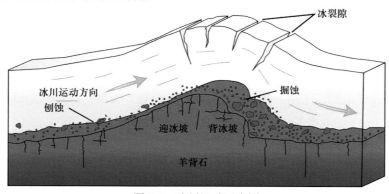

图 2-5　冰川运动示意图

三、冰层以下的喀斯特地貌

如果冰川发育在可溶性基岩地区，如石灰岩地区等，还会形成冰下喀斯特地貌。由于冰期时间远长于间冰期时间，冰川融水长期在冰层底部缓慢进行，更有利于冰川融蚀和溶蚀作用的进行。再由于现代降水只是穿行而过，来不及进行长时间的溶蚀，水流已经消失，因此目前所见到的喀斯特地貌主要是冰期时期在冰层以下就已经形成，现代降水只起着修补作用。处于岩层内、洞内的水体，其溶蚀作用会不断进行。

第二节　北半球三大冰原下的喀斯特地貌

喀斯特地貌会出现在全球各地，冰川覆盖区和非冰川覆盖区都存在。不能因为非冰川覆盖区存在喀斯特地貌，就怀疑、否定冰川覆盖区存在喀斯特地貌。在中国境内的喀斯特地貌与更新世期间的冰期时期的融蚀（溶蚀）活动有关，也与更新世期间的间冰期溶蚀（融蚀）作用有关。由此可见，石灰岩和其他易溶岩性岩石所发生的溶蚀（融蚀）喀斯特地貌，为连续性侵蚀地貌，所以是比较复杂的问题。喀斯特地貌中的其他沉积属于次生地貌，容易出现时代、年龄颠倒现象。中国境内存在古冰川活动遗迹，也就存在冰下喀斯特地貌。

一、第一冰原下的喀斯特地貌

在劳伦泰德冰原巨厚冰层的压力下，又在大冰原不断运行过程中，加拿大落基山脉冰下的可溶性岩石和其他地区同样，也会形成冰下喀斯特地貌，见图2-6和图2-7。从宏观来看，冰下喀斯特地貌的最主要特点是：岩石顶部均被巨厚冰川夷平，尽管地形起伏较大，但是其顶部几乎仍保持同样的高度；在有冰川融水作用形成的溶蚀沟谷中，细小的颗粒、碎块大多被冰川融水冲走，在中纬度地区，冰川覆盖区往往成为土壤贫瘠的地区。世界上任何一个有水溶性基岩的地方都能发现喀斯特地貌，但它们的外观却因降雨量、水的化学腐蚀性、可溶性基岩的质量以及其他一些局部因素而有所不同。以落基山脉为例，连续几次的冰川作用在很大程度上破坏了较老的喀斯特地貌和下面洞穴的一部分。但是在冰层相对稳定的地方，喀斯特地貌实际上是在冰下形成的，冰融化为其下面的可溶性岩石提供了充足的水，慢慢地溶解了下面的石灰岩。当全球气候进入冰消期以后，原先的冰下喀斯特地貌又在现代雨雪的影响下继续发展。图2-6～图2-8为加拿大落基山脉和玛琳峡谷的冰下喀斯特地貌。

图2-6　加拿大落基山脉的冰下喀斯特地貌之一

图 2-7　加拿大落基山脉的冰下喀斯特地貌之二　　　图 2-8　加拿大玛琳峡谷的冰下喀斯特地貌

二、第二冰原下的喀斯特地貌

在斯堪的纳维亚冰原的可溶性岩石分布区，也存在冰下喀斯特地貌，以英国部分地区最为典型，见图 2-9～图 2-11，其中图 2-11 是仍在形成中的冰下喀斯特地貌。石灰岩是分布最为广泛的可溶性岩石，由它构成的喀斯特地貌也最为广泛。

图 2-9　斯堪的纳维亚冰原喀斯特地貌之一

图 2-10　斯堪的纳维亚冰原喀斯特地貌之二　　　图 2-11　斯堪的纳维亚冰原喀斯特地貌之三

三、第三冰原分布区冰下喀斯特地貌

冰期时期第三冰原分布区属于北冰洋寒冷气流扩散区，要比全球的平均气温低得多，普遍发育低海拔山地冰川和小冰原冰川。中国东部低山丘陵区为北冰洋寒冷气流扩散区，具备形成冰川的气候条件。当地的降雪过程受大环境的气象与气候因数的控制，但不会受当地岩性的影响。中国东部低海拔冰川区也包括广为分布的可溶性岩石分布区。中国东部低海拔地区应当存在广为分布的冰下融水喀斯特地貌。

更新世期间，冰期时期远长于间冰期，所以中国东部低海拔地区的喀斯特地貌主要是冰期时期的冰川融水溶蚀而成，间冰期时期又在冰期时期形成的喀斯特地貌基础上进一步加工而形成现代的喀斯特地貌。中国低海拔地区喀斯特地貌的基本特征和其他地区一样，喀斯特地貌的顶部基本上在同一高度，表明曾在厚层冰川的重压之下，又在冰川前进的过程中夷平了可溶性基岩的顶部基岩面，冰川融化产生的大量冰川融水带走了喀斯特地区的较小岩块，使那里成为可溶性基岩的裸露区，见图2-12、图2-13。如果说中国的黄土为更新世连续沉积地貌的代表，那么中国的喀斯特地貌就是更新世连续侵蚀地貌的代表。

图2-12　云南石林——低海拔地区喀斯特地貌

图2-13　安徽西递石林——低海拔地区喀斯特地貌

第三节　小冰原冰川遗迹

北半球第三冰原由若干个小冰原组成。冰原是指覆盖在大面积陆地上的大量冰雪，表面平坦，现在仅格陵兰岛和南极洲才有大面积的冰原。冰期时期中国东部的若干山间盆地和山间小平原，还有像辽东半岛那样的长条形的丘陵及山东半岛一带，在积雪达到一定厚度以后，就转变为冰川冰分布区（天空出现的降雪是无选择的，会降落在无论是山坡、山脊、河谷、湖泊还是谷底，只要地面温度低于0℃，冰雪就会积累起来）。那里的冰川无固定的流向，实际上就是以覆盖形式聚集起来，如在辽东半岛，它的东部与海洋岛相连，西部扩展到渤海海底，构成特殊的冰川类型。它与冰原冰川相比，显得太小，所以称为小冰原冰川。

小冰原冰川的底部，在石灰岩分布区和其他易溶山区，还会发育冰下融水喀斯特地貌。这是因为冰川底部总会有暂时的融水渗入谷底岩石裂缝里，以及来自冰川上部的裂隙水补充冰川底部，就会形成喀斯特地貌。由于冰期的时间要以若干万年为单位，经过几万年，甚至更长时间的积累，冰川的厚度可达几十米、几百米，甚至达到1～2km、3～4km，冰川底部的水量也会逐渐加大，喀斯特地貌更为发育。小冰原冰川遗迹的另一种类型是石海景观。

一、辽东半岛小冰原冰川遗迹

辽东半岛是冰期时期北冰洋寒冷气流南下的通道。那时的辽东半岛是远离海洋的内陆，气候寒冷，与来自西北太平洋的潮湿气流相遇，容易形成固态降水，导致大面积冰川的形成，辽东半岛无高山阻挡，就会形成小冰原冰川。从古冰川地质学的观点来看，辽东半岛曾被古冰川所覆盖，形成了大陆冰川的规模，古冰川的夷平作用形成了当地所特有的低海拔型夷平面，见图2-14。

金石滩位于大连市区东侧，距市区 45km，那里出露的岩石千奇百怪。金石滩的海岸带出露地层由震旦系、寒武系、奥陶系海相碳酸盐组成，特别是沉积岩的广泛出露，组成了五彩缤纷的沉积岩条带，加上地质构造运动的变迁、古冰川活动，在海岸线上形成了特殊的海岸地貌。金石滩属丘陵地貌，地形上为一夷平面，非常清晰，与冰川有关的侵蚀地貌和溶蚀地貌一起，显得尤为奇特、壮观，图 2-14 ～图 2-17 为大连金石滩附近发育的喀斯特地貌。辽东半岛的东西两侧均为断陷盆地，从北黄海的地形轮廓来看，东、西、北三面环山，只有南侧开口。北黄海断陷盆地内的主要堆积物，冰期时期有可能主要来自东、北、西三面低山上的古冰川堆积物、冰水沉积物。由此可推测，更新世的冰期时期及冰消期辽东半岛的冰碛物与华北平原埋藏的冰碛物相似，很可能埋藏在黄海海底，现在地表上冰碛物保存甚少的原因在于目前所见到的地表主要为冰蚀地貌区，更新世冰川堆积地貌区则位于水下。

图 2-14　辽东半岛小冰原冰川遗迹之一（海岸上的夷平面）

图 2-15　辽东半岛小冰原冰川遗迹之二

图 2-16　辽东半岛小冰原冰川遗迹之三

图 2-17　辽东半岛小冰原的冰碛海岸

辽东半岛小冰原分布区的基本特征可以归纳为：①冰期时期是寒潮活动频繁通过地区；②无高山阻挡；③冰川发育区基本上被夷为平地；④不存在冰川运行的"U"型谷；⑤至今仍残存部分漂砾；⑥海岸一带存在漂砾群；⑦冰下残存的喀斯特地貌十分明显。

二、贵州平塘县小冰原冰川遗迹

平塘县隶属于贵州黔南布依族苗族自治州，所在经纬度为（25°29′55″ ～ 26°6′41″N，106°40′29″ ～ 107°26′19″E）。平塘县地处黔南山地南部，北高南低，年均气温 16.7℃，年降水量 1217mm。贵州平塘县喀斯特地貌发育普遍，厚层冰层下冰川融水侵蚀遗迹见图 2-18。平塘国家级地质公园位于贵州南缘中部，景区内广泛分布着连续的碳酸岩类，层厚质纯，在温暖多雨的气候条件下，岩溶地貌发育完全，形成了类型复杂多样的溶岩景观。

图 2-18　贵州平塘县厚层冰层下冰川融水侵蚀遗迹

　　贵州平塘县干河冰臼是我国现今唯一发现的喀斯特河谷冰臼群，规模大、分布长、形状奇，但因地处偏僻，发现较晚，至今知道的人不多。峡谷分为南北两段，南段常年有水，北段干涸无水，因此称为干河。在常年干涸的北段，河床上满是数以万计、千姿百态、形态各异的白色冰臼奇观和冰川漂砾，冰臼直径大到 6.6m、深 5m，极为壮观，见图 2-19。有些又形同一堆白骨，所以也有人称之为"白骨沟"。

　　贵州另一个较为有名的冰川遗迹分布地在安顺市关岭布依族苗族自治县断桥镇坡舟村，在国家级名胜风景区黄果树瀑布下游 29.5km 处，八德木成河下游董扎至孔明塘集中分布有大量的冰臼群，实为冰川融水侵蚀遗迹，见图 2-20。

图 2-19　贵州平塘县干河冰臼

图 2-20　贵州关岭布依族苗族自治县冰川融水侵蚀遗迹

三、云南怒江傈僳族自治州小冰原冰川遗迹

　　怒江傈僳族自治州位于"世界屋脊"青藏高原南延部分横断山脉纵谷地带，是闻名于世的高山深切割地貌。怒江傈僳族自治州内地势北高南低，南北走向的担当力卡山、独龙江、高黎贡山、怒江、碧罗雪山、澜沧江、云岭依次纵列，构成了狭长的高山峡谷地貌。怒江州是中缅滇藏的结合部，北接西藏，东北临迪庆藏族自治州，东靠丽江市，东南连大理白族自治州，南接保山市。在怒江傈僳族自治州泸水市六库镇，分布有大量的冰臼、漂砾等古冰川遗迹，那里也有厚层冰层下的冰川遗迹，见图 2-21。

图 2-21 云南怒江大峡谷厚层冰层下冰川融水侵蚀遗迹

四、广东信宜市小冰原冰川遗迹

信宜市位于广东西南部，茂名市北部，东与阳春市相接，南与高州市交界，西同广西北流市、容县毗邻，北与罗定市接壤。信宜市内七成多是山地，称为"八山一水一分田"之地，地势东北高、西南低，以山地地貌为主，境内崇山峻岭，河溪纵横，海拔为 50～1704m，海拔 1000m 以上的山岭有 80 座，最高点是大田顶，海拔达 1704m，是粤西第一高峰。信宜市也发育冰层下冰川融水侵蚀遗迹，如图 2-22 所示。

图 2-22 广东信宜市厚层冰层下冰川融水侵蚀遗迹

五、广东龙玄峡小冰原冰川遗迹

龙玄峡位于广东信宜市洪冠镇，距市区 30 多千米。龙玄峡漂流区是从云丽水电站水陂至蓝村桥头的河道，全程 4km 多，是黄华江一段狭长河道，以幽、深、奇、秀、险而闻名。河道两岸青山相对出，悬崖峭壁，怪石嶙峋，河流两岸有许多奇形怪状的石群，河道发育冰臼和漂砾等冰川遗迹，冰臼直径不等，由 10cm 多到 3m 多。臼体的平面一般为圆形、椭圆形、匙形和不规则的半圆形，其形状如臼如缸、如杯如桶、如盆如碗，有螺旋状条纹凸起，见图 2-23。

图 2-23　广东龙玄峡厚层冰层下冰川融水侵蚀遗迹

六、湖北罗田县小冰原冰川遗迹

罗田冰臼，也称罗田县金盆地冰臼群，分布于湖北黄冈罗田县的河铺镇与九资河镇交界处河道内，全长约 2km。冰臼群规模大，有近千个冰臼，是我国中部地区罕见的自然奇观。河道两岸和底部都是花岗岩，冰臼散布在约 800m 的河床上，千姿百态，深浅不一，见图 2-24。

图 2-24　湖北罗田县厚层冰层下冰川融水侵蚀遗迹

七、大别山小冰原冰川遗迹

大别山山地主要部分海拔 1500m 左右，最高峰白马尖海拔 1777m。大别山为淮河和长江的分水岭，白马尖是大别山主峰，次主峰为多云尖（海拔 1763m），两峰均位于安徽霍山县，第三主峰驼尖（1755m）位于安徽岳西县。大别山曾被古冰川覆盖过，冰川消退后，留下众多的古冰川遗迹，图 2-25 是其中之一。

图 2-25　大别山厚层冰层下冰川融水侵蚀遗迹

八、福建平和县小冰原冰川遗迹

福建平和县处于南岭山脉东西向复式构造带与新华夏系第二复式隆起带这两个巨型构造体系的复合部位，历经多次的地壳运动，构造断裂复杂。较为发育的构造体系主要是经向构造、新华夏系构造及旋扭构造。平和县五寨乡侯门村附近的龙须碚大峡谷中分布着无数个形态各异的砾石，分布有大量的冰臼等第四纪冰川遗迹，见图 2-26。

图 2-26　福建平和县冰川融水侵蚀遗迹

九、安徽黄山小冰原冰川遗迹

安徽黄山具有花岗岩地貌、第四纪冰川遗迹、水文地质遗迹等地质遗迹和地质景观资源。在距今约 1.4 亿年前的晚侏罗纪，地下炽热岩浆沿地壳薄弱的黄山地区上侵，在距今 6500 万年前后，黄山地区的岩体发生较强烈的隆升。随着地壳的间歇抬升，地下岩体及其上的盖层遭受风化、剥蚀，同时也受到来自不同方向的各种地应力的作用，在岩体中又产生出不同方向的节理。黄山地形以中、低山地和丘陵为主。山体海拔一般在 400 ～ 500m，1km 以上的高峰众多。地形大致可以分为三部分：①北区部分，地势南高北低；

②南部新安江谷地，四周高山环绕，中央地势低平，是一个小盆地；③西部丘陵区，地势北高南低，小山丘密布。据研究，黄山曾被古冰川覆盖过，冰川消退后，留下众多的古冰川遗迹，如图2-27所示。

图2-27　安徽黄山厚层冰层下冰川融水侵蚀遗迹

十、云南石林小冰原冰川遗迹

云南石林位于昆明东南郊80余千米处的石林彝族自治县，在中国众多的山川名胜景区中，云南石林以其雄、奇、险、幽的地貌风光独树一帜。在世界溶岩地貌风光中，云南石林又以面积广、岩柱独具特色而闻名。如果仔细观察一下可发现，云南石林的地面特征与上述集合体有许多共同之处，外观非常类似，顶面几乎在同一高度，为不规则的柱状体，相互连接，一般被称为喀斯特地貌。本书将其称为冰下融水喀斯特地貌，这是因为冰期时期溶蚀的时间更为长久，效果更为显著。值得注意的是，石林的岩性与当地基岩基本一致，而花岗岩地区的石河，其岩性多为外地搬运型。云南石林石海见图2-28。

图2-28　云南石林石海

十一、山东博山区小冰原冰川遗迹

山东淄博市博山区位于鲁中山区北部、淄博市南部，南接沂源县，西南接济南市莱芜区，西北与济南市章丘区交界，东部和北部与淄博市淄川区毗邻。博山区总体地势为南高北低，南、东、西三面中低山环绕，中间低山、丘陵、山洞、河谷排列，北面为丘陵河谷地带，地势总变化为 130～1100m。博山区石灰岩发育，喀斯特地貌形成大量的石海，这是我国北方罕见的自然奇观。博山区第四纪冰川地貌极为发育，保存有系统的第四纪冰川侵蚀和堆积地貌，这些石海的形成与第四纪密切相关，见图 2-29。

图 2-29　山东博山石海

十二、四川兴文县小冰原冰川遗迹

兴文石海位于四川宜宾市兴文县，地表发育喀斯特地形、天坑、溶洞、洞穴堆积物、瀑布、溶蚀峡谷，其中最著名的是天坑，此处是中国发现和研究天坑最早的地方。地表喀斯特地形构成了兴文县独具特色的"兴文式"喀斯特地貌，已成为四川乃至中国岩溶地质研究的典范，与云南石林、广西桂林峰丛景观组成了中国西部喀斯特三种类型的典型代表，见图 2-30。

图 2-30　四川兴文石海

十三、大青山小冰原冰川遗迹

大青山位于华北北部阴山中段，北坡平缓，剥蚀残余的低山丘陵和盆地交错分布，逐渐与内蒙古高原连在一起；南坡陡峭，与河套平原高差可达 100～700m。大青山发育多种类型的第四纪冰川遗迹，如冰臼群、冰石林、刃脊、角峰、石河等。在大青山山顶 2km² 的范围内，有大小冰臼 200 余个，数量之多、规模之大实属世界罕见。大青山第四纪冰川遗迹据称是我国目前发现的数量最多、分布最广、海拔最高、形态各异、保存完好、特征十分明显的古冰川遗迹。吕洪波等（2006）在赤峰等地发现了第四纪大陆冰川的地貌证据；胡建民等（2016）在大青山武川以南水磨沟一带发现了 1.3 万年前形成的冰川沉积物。大青山小冰原冰川在冰川退缩后，不仅露出众多冰臼，在某些部位还露出许多半冰臼群，见图 2-31。类似的半冰臼群也存在于英国斯堪的纳维亚冰原下，见图 2-32。在山东的招虎山也有保存，那里的半冰臼发生在巨型漂砾上，见图 2-33。

图 2-31　大青山冰川融水冲蚀形成的半冰臼群

图 2-32　英国斯堪的纳维亚冰原下发育的半冰臼群

图 2-33　山东招虎山喀斯特地貌形成的半冰臼群

十四、浙江山沟沟小冰原冰川遗迹

山沟沟位于浙江杭州市余杭区下辖村，拥有杭城第一峰——海拔 1095m 的窑头山和次高峰——海拔 1025m 的红桃山，是太湖的重要源头之一。冰期时期这里曾被小冰原冰川所覆盖。冰川消退后，留下的漂砾群成为石海景观，见图 2-34 ～图 2-37。

图 2-34　浙江山沟沟小冰原冰川遗迹之一

图 2-35　浙江山沟沟小冰原冰川遗迹之二

图 2-36　浙江山沟沟小冰原冰川遗迹之三

图 2-37　浙江山沟沟小冰原冰川遗迹之四

十五、浙江万马渡小冰原冰川遗迹

　　万马渡上游位于浙江天台县白鹤镇，下游位于新昌县儒岙镇。万马渡是因雨天水流量的增加，水往下冲，与石碰撞，发出似万马奔腾的巨响而得名，渡中的巨石形态奇特。经考察，万马渡附近发育典型的第四纪冰川侵蚀和堆积地貌，侵蚀地貌包括冰斗、冰坎、冰溜面、"U"型谷等，万马渡的巨石群为冰川堆积地貌，是典型的第四纪冰川遗迹。而且巨石群中那些重达上千吨的异地搬运的花岩石，除了冰川的巨大搬动作用，是任何其他力量都不可能移动这么远距离而汇聚成的。冰川尾部海拔为 385m，源头也仅为 800m，见图 2-38 和图 2-39。

图 2-38　浙江万马渡小冰原冰川遗迹之一

图 2-39　浙江万马渡小冰原冰川遗迹之二

第四节　山麓冰川遗迹

一、崂山东侧山麓冰川遗迹

　　崂山发育山麓冰川、悬冰川的多种类型的第四纪冰川遗迹。山麓冰川消亡以后，其冰碛物往往以冰碛扇的形式出现。崂山东侧发育的冰碛扇是由多条冰碛堤堆积在一起形成的扇状堆积地貌，也可以称为冰碛丘陵，见图 2-40。冰碛扇的表面系由冰川漂砾组成的石海。在崂山东侧发育两处大规模的冰碛扇地貌，即仰口冰碛扇、返岭村—华严寺冰碛扇，其中仰口冰碛扇面积约 4km²，见图 2-41，返岭村—华严寺冰碛扇面积 3km²，见图 2-42。冰碛扇的前端被黄海淹没。图 2-43～图 2-48 为冰碛扇前缘的漂砾堆积群，可见有明显的古冰川伸向黄海。

图 2-40　崂山东侧冰碛扇

图 2-41　崂山仰口冰碛扇

图 2-42　崂山返岭村—华严寺冰碛扇

图 2-43　崂山冰碛扇前缘之一

图 2-44　崂山冰碛扇前缘之二

图 2-45　崂山冰碛扇前缘之三

图 2-46　崂山冰碛扇前缘之四

图 2-47　崂山冰碛扇前缘之五

图 2-48　崂山冰碛扇前缘之六

二、贺兰山冰川遗迹

贺兰山南北长 220km，东西宽 20 ～ 40km。南段山势缓坦，三关口以北的北段山势较高，海拔 2000 ～ 3000m。主峰亦称贺兰山，海拔 3556m。山地东西不对称，西侧坡度和缓，东侧以断层临银川平原。贺兰山年降水量 400mm，如此低的降水量，不具备形成带有众多石块的洪积物的条件。

冰期时期经过数万年的积累，方才形成贺兰山冰川；冰消期以后，冰川融化留下冰川所挟带的漂砾，所以在贺兰山的山前，展现一片漂砾景观，记录了冰期时期贺兰山曾被冰川覆盖的景观，见图 2-49 ～图 2-52。如果说曾发生过洪水活动，那也是古冰川快速融化所致。

图 2-49　贺兰山山麓冰川遗迹之一

图 2-50　贺兰山山麓冰川遗迹之二

图 2-51　贺兰山山麓冰川遗迹之三

图 2-52　贺兰山山麓冰川遗迹之四

第五节　复合冰川遗迹

山谷冰川多发育于中纬度的山地，形态常受地形的影响，比大陆冰川小得多。但是山谷冰川的类型又非常之多。山谷冰川的长度差别很大，它们有的蜿蜒数百千米，有的不到1km。两条或数条山谷冰川可以汇合成复合冰川，见图2-53。

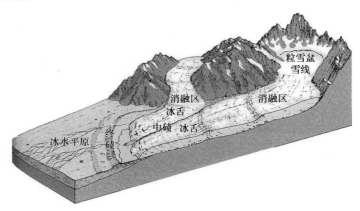

图2-53　复合冰川示意图

山谷冰川的冰碛物，可分为侧碛、表碛、中碛、底碛和内碛，见图2-54。

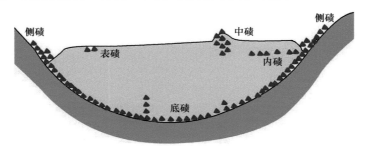

图2-54　冰碛物发育示意图

相邻的两条山谷冰川，其冰舌部分汇合后，若继续向低处运移，各自的侧碛就会重合，成为共用侧碛，冰川研究者将其称为中碛，在山东的崂山东侧就保存有良好的中碛堆积，冰碛物堆积厚度达20m。来自山体上源众多大小不一的漂砾杂乱无章地堆积成垄岗地貌，见图2-55和图2-56，该垄岗地貌就是中碛堆积体。这种现象用泥石流说无法解释。

图2-55　崂山白云水库附近中碛远景之一

图2-56　崂山白云水库附近中碛近景之二

第六节 山谷冰川遗迹

山谷冰川又称谷地冰川，规模较大，长达几千米至几十千米，具有明显的粒雪盆和冰舌两部分，冰舌开始出现的地方，也是侧碛开始形成之地，更是古代雪线的位置。山谷冰川的厚度可达几百米。

一、山东崂山山谷冰川遗迹

山东崂山最著名的山谷冰川被称为束住岭冰川，该冰川是崂山束住岭冰期形成的，见图2-57和图2-58。束住岭冰期为崂山第四次冰期，相当于欧洲阿尔卑斯山区的玉木冰期，该次冰期在崂山地区规模最小，冰期时期的雪线也最高，该期冰川形成的冰川地貌以新开辟的巨峰南路的束住岭最为典型。由前凤庵向北下台阶步行约200m，过小桥可见突然出现的由巨大石块堆积的终碛堤，冰川完全发育在上次冰期形成的宽阔"U"型谷中。该次冰期的雪线高度在海拔720～750m，形成的终碛堤厚达30m左右，束住岭冰舌形成的冰碛堤长约1.5km。

图2-57 山东崂山束住岭冰川堆积

图2-58 山东崂山束住岭冰川堆积前缘

二、浙江下苗村山谷冰川遗迹

浙江的黄岩，过去以黄岩蜜橘闻名于世。经本书作者考察，该地除黄岩蜜橘闻名外，还有我国沿海地区保存最好、规模最大、形态最佳的山谷冰川所遗留下来的古冰川舌堆积，堪称中国之最。整个古冰川舌大约有五列终碛堆积，许多村落建在终碛上。图2-59和图2-60为浙江下苗村典型的山谷冰川远景，位于（28º34′4.6″N，120º53′30.9″E），显示为高高隆起的舌状冰碛丘陵；图2-61和图2-62为古冰川堆积剖面。下苗村山谷冰川的海拔末端187m、中部229m、上部482m。

图2-59 浙江下苗村古冰川舌（堆积）之一

图2-60 浙江下苗村古冰川舌（堆积）之二

图 2-61　浙江下苗村古冰川堆积剖面之一

图 2-62　浙江下苗村古冰川堆积剖面之二

三、山东圣经山以北的三瓣石山谷冰川遗迹

　　三瓣石位于山东威海市文登区圣经山北侧，是我国最复杂的劈石，它是在冰期时期由冰的冻裂作用形成的，三瓣石的顶部位于（37°14′21″N，121°48′35″E），海拔 240m。三瓣石高约 14m，周长约 45m，裂缝处宽约 1.2m。水在结冰时，其体积会发生膨胀，多次膨胀、裂开、再膨胀、再裂开，最终会导致巨大岩石的破裂。从我国的北方到南方的厦门都存在劈石。到目前为止，三瓣石应当是所有劈石中，规模最大、裂口最深的劈石，见图 2-63 和图 2-64。三瓣石位于巨大冰川的中碛顶部。值得特别提出的是，海南岛的最南端，也就是天涯海角附近也保存着三瓣石，见图 2-65。

　　三瓣石村位于昆嵛山东、三瓣莲花石山之阳，是从正东登上昆嵛山主峰泰礴顶的必经之路。从地质学的观点来看，三瓣石村附近属于三瓣石复合冰川堆积体，有三条冰川谷、四列侧碛和介于其间的中碛，末端有两列不同时期形成的终碛。三瓣石所在的丘陵，就是古冰川堆积的中碛。中碛堆积的东西两侧，为两处古粒雪盆的位置。如此完好的古冰川堆积群，尚未得到开发和利用，见图 2-66。

图 2-63　山东圣经山三瓣石远景

图 2-64　山东圣经山三瓣石近景

图 2-65　海南岛天涯海角附近的三瓣石

图 2-66　山东圣经山三瓣石复合冰川堆积体全貌

粒雪盆是冰川形成的摇篮。发育成熟的冰川一般都有粒雪盆和冰舌，雪线以上的粒雪盆是冰川的积累区，雪线以下的冰舌是冰川的消融区。粒雪盆三面为基岩区，只由一面开口，如山东圣经山三瓣石冰川的东侧粒雪盆，见图 2-67。

古冰川的终碛，也称尾碛，是冰川末端的冰碛。当冰川粒雪盆区的补给与冰舌区的消融处于相对平衡时，冰川末端的位置比较稳定。当一条冰川在退缩过程中发生几次停顿，或者经过多次冰川活动时，会出现多列终碛。通常情况下，冰舌所挟带的冰碛物不断被输送至终碛，于是就在冰舌的前端堆积下来并形成垄岗状或堤状的冰碛。终碛物的物质组成，主要源自粒雪盆区和途中冰舌所经过的地区。三瓣石冰川终碛中巨砾的排列方向，大致与终碛堤平行。三瓣石冰川终碛位于（37°13.682′N，121°48.971′E），海拔 142m，见图 2-68、图 2-69。

三瓣石冰川中碛的地貌特征见图 2-70。高高隆起的三瓣石中碛全部由巨型漂砾组成，杂乱无章地堆放在一起，外观为垄岗状，其上树木繁茂，岩性属花岗岩类，三瓣石直立于中碛顶部，为中碛之巅。

图 2-67　山东圣经山三瓣石冰川的东侧粒雪盆

图 2-68　山东圣经山三瓣石冰川的西侧粒雪盆

图 2-69　山东圣经山三瓣石冰川终碛

图 2-70　山东圣经山三瓣石中碛上部近景

三瓣石的东侧碛，顶部地理坐标为（37°14′10″N，121°48′57″E），海拔 170m，它的基部在（37°14′1″N，121°48′51″E），海拔 120m。整个东侧碛的最大厚度为 50m。残存的三瓣石冰川东侧碛为长条形垄岗，长 400 ～ 500m，全部由巨型漂砾组成，杂乱无章地堆放在一起。东侧碛、西侧碛和中碛都由巨砾组成，透水性好，其上树木繁茂，为三瓣石村的果园之地，是当地重要经济来源之一，岩性属花岗岩类，见图 2-71、图 2-72。如果将东侧碛、西侧碛开始出现处定为古雪线高度，那么当地的雪线高度只有 150 ～ 200m。一切要以事实为依据，笔者不信推理，只认证据，这一高度和山东半岛其他地区基本一致。

图 2-71　山东圣经山三瓣石古冰川的东侧碛

图 2-72　山东圣经山三瓣石古冰川的西侧碛

第七节　冰斗冰川遗迹

沂源县位于鲁山南翼，地处沂蒙山区，因沂河发源于此而得名。沂源县是山东平均海拔最高的地方，在近 5km² 的范围内，有大小洞穴 40 多个，被称为"北国第一洞群"。当地为石灰岩地区，发育了非常典型的山谷冰川，保存着许多冰碛地貌。仅在山东沂源县芝芳沟保存的古冰斗冰川遗迹，就足以证明海拔 1000m 以下的低山丘陵区也存在古冰川遗迹，它们是中华大地低海拔地区曾发生过古冰川活动的最佳记录之一。冰斗形成在雪线附近，冰斗是山地冰川重要的冰蚀地貌之一。典型的冰斗是一个围椅状洼地，三面是陡峭的岩壁，向下坡有一开口，这样的冰斗在山东沂源县芝芳沟十八转谷地已被发现，该谷地为近东西向，两侧为石灰岩，南坡（阴坡）保存着完整的古冰斗冰川的侵蚀地貌和堆积地貌，见图 2-73，该图为古冰斗冰川的全貌。图 2-73 中的堆积地貌为古冰斗冰川的终碛，高 50m 以上、宽 250m、厚约 200m，由石灰岩的碎块组成。终碛的表面还裸露着许多漂砾，大者直径多在 1m 左右。终碛堆积已处于胶结状、坚硬，顶部平坦，已被开垦，土地不肥沃。终碛的后面，为围椅状的古冰斗冰川留下来的粒雪盆，三面为陡峭的石灰岩岩壁，见图 2-74。粒雪盆的盆底为基岩裸露，不宜开垦，其中只剩下几块当年古冰川无力带走的漂砾。自古冰川消亡以来，那里非常平静，既无崩塌，又无泥石流活动。在山东沂源县芝芳沟冰碛剖面上部，选其细粒组分，经测年为距今 66.6ka，属最后冰期形成的终碛堆积。该终碛的形成时代与崂山束住岭形成的冰期相当。芝芳沟古冰斗冰川终碛为国内罕见的、保存完好的、侵蚀地貌与堆积地貌相对应的复合景观，建议当地保护起来，可开发为旅游景点与科普基地。对芝芳沟冰碛堤剖面上部和下部的冰碛物进行了热释光（ESR）测年，上部冰碛物年龄为 66.6ka B.P.，下部冰碛物年龄为 138.1ka B.P.。山东沂源县芝芳沟十八转谷地古冰斗冰川终碛剖面的堆积特征为杂乱无章、无层次、无分选，符合冰碛物的堆积特征。该处的堆积物，肯定非泥石流所为。

图 2-73　山东沂源县芝芳沟古冰斗冰川遗迹全貌

图 2-74　山东沂源县芝芳沟古冰斗冰川粒雪盆

第八节　悬冰川遗迹

在适宜的条件下，山坡上洼地内的积雪量大于消融量，久而久之，就会成为冰川冰，原先的储冰洼地就会变成冰斗类地形，于是冰体会从冰斗的边缘被挤出，呈小型冰舌悬挂于冰斗口外的陡坎上，形成悬贴于山坡上的冰川而不下降到山麓，故称为悬冰川。它的规模较小，是冰川发育的雏形，当气候进一步变冷和降雪增加时，可发展成支谷冰川。山东崂山有多处悬谷，它们的形成多与悬冰川活动有关，其中最为典型的是八水河悬谷冰川，图2-75为崂山八水河悬冰川谷，图2-76为崂山八水河悬冰川形成的冰碛物。

图2-75　山东崂山八水河悬冰川谷

图2-76　山东崂山八水河悬冰川冰碛物

冰碛物的主要特征是碎屑颗粒大小不一，泥、砾混杂，没有层理，显得杂乱无章，砾石磨圆度不好，形状各异。在岩性单一的地区，冰碛物也自然单一；在岩性多样的山区，冰碛物的岩性就非常复杂了。冰碛物中还常夹有层理清楚的冰水沉积物，这是冰内冰融水活动的产物。

第三章

北半球第三冰原侵蚀地貌遗迹

北半球第三冰原是非常复杂的冰川体系，既有小冰原冰川留下来的侵蚀地貌，又有许多山谷冰川所特有的侵蚀地貌。冰川侵蚀作用，除了直接形成粒雪盆、冰川"U"型谷、冰川"U"型石、角峰、刃脊等，还包括拖蚀地貌、刻蚀地貌和磨蚀（刨蚀）地貌、冰下喀斯特地貌、冰消期发育的冰臼和半冰臼等。冰川体有巨大的压力（10m 厚的冰体，冰床基岩所受的静压力为 $9t/m^2$），运动着并挟带岩石碎块的冰川对冰床和谷壁有更强的侵蚀作用，冰川底部还不断地发生冻裂作用。

第一节　第三冰原保存的冰川"U"型谷与冰川"U"型石

一、冰川"U"型谷

冰川谷是冰川作用区最明显的冰蚀地貌类型之一，典型的形状是槽型或"U"型，故亦称冰川槽谷或冰川"U"型谷。大多数冰川谷的横剖面是"U"型。同一冰期形成的"U"型谷，分布在山岳冰川地区的雪线之下。

（一）山东崂山

山东崂山东侧风凉涧的冰川"U"型谷是我国东部低山丘陵区保存最典型的"U"型谷之一。在宽阔的谷地中，谷底基岩裸露，仅有少量漂砾残存其中，长年干涸的河道与宽阔的冰川谷地，显得十分不和谐，谷口之外，则是石海分布区，见图 3-1。图 3-2 为崂山东侧青山村发育的悬谷状冰川"U"型谷。

图 3-1　山东崂山风凉涧冰川"U"型谷　　　　图 3-2　山东崂山东侧青山村发育的悬谷状冰川"U"型谷

（二）山东槎山

槎山位于山东荣成市南部的黄海之滨，距威海市区 100km，主峰清凉顶海拔 539m。经调查发现，槎山有一靠海的渔村，该渔村就建在宽阔的"U"型冰川谷中，见图 3-3，谷坡上至今还保存着巨型漂砾。大家知道，被冰川作用过的冰川槽谷，现被海水淹没后而形成的海岸，就成为峡湾海岸。如果海面再升高 10m，槎山就形成峡湾海岸了。

图 3-3　山东槎山海岸冰川"U"型谷

（三）海洋岛

海洋岛是以整个海洋命名的岛屿，位于辽宁大连市的东南方。鸟瞰全岛，其呈马蹄形状，全岛面积18km²，它是我国北部距离大陆最远的海岛。海洋岛是由20多座海拔为200多米高的山峰组成的，环绕在一起围成马蹄形港湾。经调查，该马蹄形港湾就是巨大的冰川谷。冰期时期海洋岛冰川与大连冰川连在一起构成大连小冰原冰川。海洋岛上被海水淹没的冰川"U"型谷，形成了海岛上的峡湾海岸，见图3-4、图3-5。

图3-4　辽宁海洋岛上被海水淹没的冰川"U"型谷　　　图3-5　辽宁海洋岛峡湾海岸

二、冰川"U"型石和冰川"U"型隘口

（一）第一冰原的冰川"U"型石

当劳伦泰德冰原、斯堪的纳维亚冰原和中国东部低海拔冰原逐渐退缩后，世界洋面大幅度回升。大约在距今12 000年时，海面已升高到今日海面以下60m处；在距今6000年时，海面已升到比今日海面高3～4m的位置。升起的海面淹没了北半球三大冰原的部分海岸，如美国的东北部、挪威的部分海岸、中国崂山东侧海岸都出现了冰碛海岸（见本书第一章）。

众所周知，当冰川在山谷中运行时会形成"U"型谷，如果冰川在移动过程中遇到较大的漂砾，或者某一基岩露头时，巨厚的冰层就会对其底部的漂砾、岩石进行侵蚀，最终形成"U"型石。第一冰原的冰川"U"型石见图3-6、图3-7。

图3-6　美国长岛保存的劳伦泰德冰原区的冰川"U"型石　　　图3-7　加拿大保存的劳伦泰德冰原区的冰川"U"型石

（二）第二冰原的冰川"U"型石

依据同样的原因，斯堪的纳维亚冰原区在冰川消融后，也留下冰川"U"型石，见图3-8～图3-10。

图 3-8　斯堪的纳维亚冰原区的冰川"U"型石之一

图 3-9　斯堪的纳维亚冰原区的冰川"U"型石之二　　　图 3-10　斯堪的纳维亚冰原区的冰川"U"型石之三

（三）第三冰原的冰川"U"型石

冰期时期的台湾岛和海南岛与中国内陆连在一起。由于来自北冰洋的温度非常低的气流直接被输送到中国内陆的南部，并与源自南海暖流和黑潮的水汽相遇，因此形成了稳定的固态降雪，终年不化，经多年的积累，形成了低海拔巨厚冰川。冰期时期的北半球，只有中国内陆会频繁地受到北冰洋寒冷气流的侵袭，而与中国内陆位于同纬度的欧洲和北美洲地区，处在第一冰原和第二冰原的前缘，3～4km 厚的冰原挡住了极地寒流的侵袭，因而无低海拔冰川形成。

青藏高原的雪线高度属于自然梯度型，是非寒潮入侵地区。而中国东部的低海拔地区属于北冰洋低温气流唯一入侵区，是极地低温环境的扩散地，发育低海拔冰川是非常正常的事。由此可见，青藏高原和中国东部低海拔地区雪线的形成机制相异，不可类比。所以，把青藏高原的雪线高度向东部推演，东部山顶都低于雪线，不会有低海拔型冰川，这听起来合理，分析起来却存在问题。实际上，中国东部低海拔地区普遍存在古冰川活动遗迹，不仅存在冰川"U"型谷，还有众多的冰川"U"型石。

1. 海南岛的冰川"U"型石

该"U"型石保存在海南岛天涯海角附近，当地文化和旅游部门将该石称为"仙舟"，意为仙人之船。从冰川遗迹角度来看，它就是局部冰流在其上通过，留下的断面为"U"型的形态，由于不是山谷，不能称为"U"型谷，而只能称为"U"型石，见图 3-11。

图 3-11　海南岛的冰川"U"型石

2. 安徽天柱山的冰川"U"型石

安徽天柱山的冰川"U"型石见图 3-12 ～图 3-14。

图 3-12　安徽天柱山的冰川"U"型石之一

图 3-13　安徽天柱山的冰川"U"型石之二

图 3-14　安徽天柱山的冰川"U"型石之三

3. 山东崂山等地的冰川"U"型石

山东丘陵山地发育大量冰川作用形成的"U"型石，见图 3-15 ～图 3-21。

图 3-15　山东崂山的冰川"U"型石之一

图 3-16　山东崂山的冰川"U"型石之二

图 3-17　山东崂山的冰川"U"型石之三

图 3-18　山东崂山的冰川"U"型石之四

图 3-19　山东崂山的冰川"U"型石之五

图 3-20　山东崂山的冰川"U"型石之六

图 3-21　山东崂山的冰川"U"型石之七

如果漂砾较小或者遇到起伏地形，就只能形成半冰川"U"型石，它的形状类似于椅子，因而被称为"冰椅石"（详见本书第九章第一节），见图3-22～图3-26。

图3-22　山东青岛八关山的冰川"U"型石

图3-23　山东威海三瓣石古冰川遗迹中的冰川"U"型石

图3-24　山东青岛鹤山的冰川"U"型石

图3-25　山东崂山翻倒的冰川"U"型石

图3-26　山东峄山翻转过的冰川"U"型石

（四）冰川"U"型隘口

隘口泛指山间比较狭窄的位置。冰期时期冰川从山东崂山棋盘石附近通过，那里的海拔637m，留下了冰川"U"型隘口，见图3-27。图3-28是内蒙古大青山小冰原冰川部分冰流通过的地方，形成了非常典型的冰川"U"型隘口。

图3-27　山东崂山棋盘石附近的冰川"U"型隘口

图3-28　内蒙古大青山的冰川"U"型隘口

第二节　粒雪盆

　　粒雪盆是冰川形成的摇篮。天气寒冷时，固体降雪取代液体降雨，降雪会在山坡的低洼部分聚积起来，逐渐变成冰川。冰川冰一旦形成，就会对冰下的岩层进行研磨、冻裂、拖动等一系列作用，使原先的洼地逐渐变深，从而成为积雪洼地，在地质学上把这种洼地称为粒雪盆，也是储冰盆。当冰川积累到一定厚度以后，它会越过粒雪盆出口，蜿蜒而下，形成长短不一的冰舌。长大的冰舌可以延伸到山谷低处以至谷口外。发育成熟的冰川包括粒雪盆和冰舌，粒雪盆位于雪线以上，是冰川的积累区，雪线以下的冰舌是冰川消融区。图 3-29 为山东招虎山冰川的粒雪盆，图 3-30 为山东招虎山冰川的另一粒雪盆，现已被改造成水库。

图 3-29　山东招虎山冰川的粒雪盆之一

图 3-30　山东招虎山冰川的粒雪盆之二

　　图 3-31 为山东崂山东侧的粒雪盆，该粒雪盆呈现围椅状形态，只有一个开口，那里是古冰川舌向山下开始移动的地方。开口处就是古雪线的位置，雪线以上是冰川积累的地方。

　　图 3-32 是内蒙古大青山的粒雪盆，三面为陡峭岩壁，一面开口，该开口处就是当地古雪线的位置。

图 3-31　山东崂山东侧的粒雪盆

图 3-32　内蒙古大青山的粒雪盆

　　山东青岛小珠山齐长城附近也保存着古粒雪盆，那里也是三面为陡峭岩壁，山体向下的一面为古粒雪盆出口处，那里就是当地古雪线的位置，见图 3-33。

　　山东烟台昆嵛山古粒雪盆的形态也非常典型，和其他粒雪盆同样，也是三面为陡峭岩壁，一面开口。开口处就是古雪线的位置，冰期时期的冰流从这里慢慢地、不断地向下移动，见图 3-34。

图 3-33 山东青岛小珠山齐长城附近的古粒雪盆

图 3-34 山东烟台昆嵛山古粒雪盆

第三节 刃脊与角峰

一、刃脊

冰斗溯源扩张，无论是在冰川作用期还是在冰川作用之后，都能产生锯齿状的山脊。两个冰斗侧壁之间的尖锐山脊称为刃脊，见图 3-35 和图 3-36。

图 3-35 山东崂山顶部附近刃脊地貌

图 3-36 山东崂山东侧刃脊地貌

内蒙古大青山在两侧山坡后退以后，最后剩下的一部分山脊，在冰川地貌上就是刃脊地貌，见图 3-37 和图 3-38。

图 3-37 内蒙古大青山刃脊之一

图 3-38 内蒙古大青山刃脊之二

二、角峰

三个以上的冰斗所夹峙的残留山峰，便成了角峰。例如，我国的崂山巨峰附近就是典型的角峰地貌，见图3-39，图3-40为山东崂山顶部附近的角峰与刃脊。

图3-39　山东崂山顶部附近的角峰

图3-40　山东崂山顶部附近的角峰与刃脊

第四节　擦痕、颤痕与刻槽

一、国内最早发现的擦痕

冰川擦痕是指冰川搬运物在运动中相互摩擦或与冰川槽谷基岩摩擦形成的，多保存在冰碛石表面和冰川槽谷两侧与底部的冰川摩擦痕迹。1921年，李四光在太行山的沙河县、山西大同盆地口泉附近，经过仔细考察、分析研究，发现了众多的巨型漂砾和若干带有擦痕的冰碛物，描绘了冰碛物的沉积结构剖面，这项研究成果于1922年发表在 Geological Magazine 上。李四光找到的关于我国北方存在更新世古冰川遗迹的证据，开创了我国存在第四纪古冰川遗迹研究的先河，见图3-41。

图3-41　李四光发现的带有擦痕的冰碛物

到了20世纪30年代，李四光对冰川的研究投入了极大的精力。有些外国人对中国的冰川遗迹进行过零星考察，竟断言"中国没有第四纪冰川"。李四光却提出"让事实说话"。1931年，李四光到庐山考察，发现了第四纪冰川遗迹，他尤其对山上及山麓的冰碛物特别重视，为证明我国存在第四纪冰川活动，他于山上山下反复搜集证据。在山上，他确认了大坳、鼓子寨、黄龙、五乳寺等冰斗，王家坡、大校场、七里冲等"U"型谷及悬谷等冰蚀地貌；在山上和山麓还发现了广泛分布的冰川泥砾、冰川漂砾和冰川纹泥等冰川堆积物，以及它们堆积而成的终碛堤、侧碛堤、中碛堤等冰川堆积地貌；在一些基岩或岩块上还发现了条痕石、冰溜面、羊背石等冰溜遗痕。

擦痕是指巨大岩块被冰川搬运过程中，在漂砾之间的相互刻划作用下遗留下来的痕迹，其过程非常缓慢而又非常强有力，有的擦痕非常之长。擦痕因受冰川的挤压会经常改变方向，所以在岩面上会出现多组不同方向的擦痕。若冰川的动力方向改变较快，其擦痕可以较短。

值得回顾的是，英国的大部分地区曾是斯堪的纳维亚冰原的覆盖区，冰原消退以后，留下了广为分布的古冰川活动遗迹，李四光在英国留学期间，拥有很多时间去观察和研讨古冰川活动遗迹。20世纪初是全球性的冰川热，那时的许多地质学家都进行古冰川地质作用的研究。在这样的环境下，深受古冰川遗迹研究熏陶的李四光，早就关心中国的第四纪冰川问题，他回国后的首项研究，就是发现了众多的巨型漂砾和若干带有擦痕的冰碛物。所以说，李四光是中国第四纪冰川遗迹研究的奠基人。

二、鹤山顶部的刻槽

冰川刻槽，又称冰川擦痕，为冰川磨蚀、刻划的巨大刻槽。它是由流动冰川挟带的石块刻蚀冰川谷两壁而成，在较软岩石上发育得更好。这种粗大的刻槽，往往作为确定冰川运动的佐证。螺髻山古冰川刻槽数量多，规模大，世间罕见。最大冰川刻槽进口 3.5m，深 2m，长 30 多米，刻槽中冰川连续性冲刷的弧形擦痕十分清晰。图 3-42 为山东青岛鹤山顶部的刻槽。

图 3-42　山东青岛鹤山顶部的刻槽

三、崂山的擦痕

擦痕是确定存在古冰川活动的重要证据之一。在对崂山的调查过程中，已发现许多地方有擦痕遗迹，规模最大的为崂山南段古冰川"U"型谷中的一块漂砾上的擦痕，见图 3-43。图 3-44 为崂山仰口漂砾上的擦痕。

图 3-43　山东崂山南段漂砾上的擦痕

图 3-44　山东崂山仰口漂砾上的擦痕

四、峄山颤痕

颤痕是漂砾与基岩面之间或者漂砾面之间的颤动位移导致的。山东峄山多处发现颤痕，图 3-45 和图 3-46 为一处典型的颤痕，对此处应重点保护起来，它是不可多得的、不可再生的颤痕化石。

图 3-45 山东峄山颤痕远景

图 3-46 山东峄山颤痕近景

第五节 古冰川拖动、推动和刨蚀地貌

一、古冰川拖动地貌

在通常情况下，由于冰的厚度加大，冰层底部冰的融点会降低，在冰层底部会出现融水。新出现的融水，非常容易进入下伏基岩的裂缝、节理或孔隙中，水体因压力降低而再次冻结。随着冰体和融水的反复融化与冻结，它们的体积反复收缩和膨胀，致使组成冰床的基岩或土体发生松动、崩解。松动后的岩块，有时会跟冰层冻在一起，成为冰川的一部分，并随冰川的运移而运移。当岩块被冰川带走后，会出现新的层面，上述冰冻作用继续进行，新的岩块又会被带走，久而久之，就形成了冰川的拖动地貌。经过拖蚀作用以后的冰川谷，其坡度曲线是崎岖不平的，形成了梯形的坡度剖面曲线。当冰川消融后，未能被冰川带走的岩块，会停留在原地形成乱石堆放地貌或石海地貌。拖蚀作用在节理发育的花岗岩地区更为明显，图 3-47 是山东崂山一块已经被古冰川拖动，但未来得及被完全拖走，后因冰川融化而被遗留在原地的情景。图 3-48 为山东祖徕山的古冰川拖动地貌，一块巨大花岗岩块已经离开原先的位置，后因冰消期到来，而被遗弃在此。在山东丘陵一带，类似的拖动地貌广为分布，这里就不一一列举了。

图 3-47 山东崂山古冰川拖动地貌（拖痕地貌）

图 3-48 山东祖徕山古冰川拖动地貌

二、古冰川推动地貌

山东崂山古冰川拖动地貌非常发育，图 3-49 为崂山花岗岩地区出现的大面积拖动现象，图中至少有三块巨大岩石，相隔数十米，在海拔约 400m 处，以同一角度倾斜，这显然是大面积冰体自上而下的运动所致。图 3-49 中 A、B、C 三块巨型漂砾，在不同高度上，同样旋转了 90°，古冰川的拖动作用是其推动力。

图 3-49　山东崂山古冰川拖动遗迹

三、古冰川刨蚀地貌

冰川的重量大而且很坚硬，移动时就会磨碎岩石，并像犁一样剖蚀地面，将沟谷刨宽倒平。图 3-50 为山东峄山古冰川的刨蚀地貌，基岩面明显降低了。

图 3-50　山东峄山古冰川刨蚀地貌

第六节　磨蚀地貌

磨光面（polished surface）是冰川内石块与基岩之间或两石块之间，互相碾磨产生的光滑的碾磨面。冰川在运行过程中，巨型漂砾与基岩之间、漂砾与漂砾之间都会发生磨光作用，当冰川消退后，就会留下磨光面。

一、蒙山巨型磨光面

蒙山，古称东蒙、东山，为泰沂山系的重要组成部分，总面积为 1125km²，主峰海拔 1156m，为山东第二高峰。蒙山北部有面积辽阔的磨光面，为冰期时期众多的巨型漂砾共同作用所致，见图 3-51。

图 3-51　山东蒙山的磨光面

二、云顶巨型磨光面

云顶自然风景旅游区位于山东海阳市盘石店镇大庄村西侧，有大面积的磨光面。图 3-52 和图 3-53 为云顶山区的磨光面。

图 3-52　山东云顶山区的磨光面之一

图 3-53　山东云顶山区的磨光面之二

三、峄山磨光面

峄山，又名邹峄山、邹山、东山，位于山东邹城市东南 12km 处，地处（35°1′ ～ 35°2′N，116°4′ ～ 117°0′E），是中国历史上著名的思想家、教育家孔子和孟子的诞生地。峄山与泰山南北对峙，被誉为"岱南奇观"。孔子曰："登东山而小鲁，登泰山而小天下。"邹城市地质属华北地台型，沉积层厚 2450m，地势东高西低，境内最高海拔 648.7m，最低海拔 35m，平均海拔 77.8m。地形分为低山、丘陵、平原、洼地、水面五种类型。山东峄山的磨光面见图 3-54 ～图 3-58。

山东峄山大面积出现的磨光面上，偶尔见漂砾分布。其冰碛景观类似于大陆冰川形成的冰碛景观，见图 3-59 ～图 3-61。

图 3-54　山东峄山磨光面之一

图 3-55　山东峄山磨光面之二

图 3-56　山东峄山磨光面之三

图 3-57　山东峄山磨光面之四

图 3-58　山东峄山磨光面之五

图 3-59　山东峄山磨光面上的漂砾之一

图 3-60　山东峄山磨光面上的漂砾之二

图 3-61　山东峄山磨光面上的漂砾之三

四、天柱山磨光面

天柱山位于安徽安庆市潜山市西部，又名潜山、皖山、皖公山、万岁山、万山等，为大别山山脉东延的余脉，由混合花岗岩组成，天柱峰为最高峰，海拔 1488.4m。冰期时期天柱山曾被古冰川所覆盖，留下许多冰川活动而形成的磨光面，见图 3-62 和图 3-63。

图 3-62　安徽天柱山磨光面之一

图 3-63　安徽天柱山磨光面之二

五、崂山磨光面

山东崂山除了有多种古冰川活动遗迹，在基岩面上、漂砾面上还保存有许多磨光面，见图 3-64～图 3-67。

图 3-64　山东崂山的磨光面之一

图 3-65　山东崂山的磨光面之二

图 3-66　山东崂山的磨光面之三

图 3-67　山东崂山的磨光面之四

第七节　羊背石

　　羊背石是冰川侵蚀岩床形成的石质小丘。它们大体顺冰川流向成群分布，长轴为数米至数百米，有时大的羊背石上叠加小的羊背石。羊背石的迎冰面倾斜平缓，冰川磨光面发育，具有常见的冰川磨蚀痕迹，背冰面坡度较陡。它的迎冰面坡长而平缓光滑，是磨蚀作用造成的；背冰面陡峭、参差不齐，是冰川拖蚀作用的结果。羊背石地形主要出现在结晶岩地区。鼻状剖面形态是羊背石的突出标志，见图 3-68 ～图 3-72。山谷冰川和大陆冰原的侵蚀作用都能形成羊背石。

图 3-68　山东峄山典型的羊背石之一

图 3-69　山东峄山典型的羊背石之二

图 3-70　山东峄山典型的羊背石之三

图 3-71　山东峄山典型的羊背石之四

图 3-72　内蒙古大青山的羊背石

第八节 鼓丘

在大陆冰川活动区，鼓丘是一种流线型的小丘，长轴平行于冰体运动方向，常成群或大片出现。在山谷冰川活动区，鼓丘数量较少，不具备成群出现的条件。完全由基岩构成的鼓丘一般是侵蚀成因，称为岩石鼓丘，见图3-73。图3-74～图3-78为山东峄山周围残存的鼓丘，图3-79和图3-80为山东崂山的鼓丘，图3-81为安徽天柱山的鼓丘。

图 3-73　美国东北部海岸上的岩石鼓丘

图 3-74　山东峄山周边的基岩鼓丘之一

图 3-75　山东峄山周边的基岩鼓丘之二

图 3-76　山东峄山周边的基岩鼓丘之三

图 3-77　山东峄山周边的基岩鼓丘之四

图 3-78　山东峄山周边的基岩鼓丘之五

图 3-79　山东崂山的鼓丘

图 3-80　山东崂山东侧大型鼓丘

冰流从西向东移动，图中左侧为西

图 3-81　安徽天柱山的鼓丘

第九节　冰坎和悬谷

一、冰坎

　　冰川谷总体倾向下游，但在冰前河谷突起处或冰床基岩坚硬段，冰川翻越而过，以致流速加快，侵蚀量小，冰面坡度大，多冰裂隙和冰瀑布。冰退后，则形成岩槛横亘谷底，或由一岸突入槽谷，高十数米至数百米。冰坎使冰川谷呈阶梯状，故又称"冰阶"，山东崂山九水潮音瀑就是典型的冰坎。图 3-82 为山东崂山九水冰坎冬季景观，图 3-83 为山东崂山九水冰坎夏季景观。

图 3-82　山东崂山九水冰坎冬季景观

图 3-83　山东崂山九水冰坎夏季景观

　　图 3-84 展示了山东崂山峡谷间的小河道，口门外的巨型漂砾远比峡谷宽得多，而巨型漂砾的源地，距此地有数千米之遥，而且落于冰坎之下，只有古冰川活动才能将其搬运而来，其他外动力因素都无法解释。

　　图 3-85 为福建保存的漂砾景观，和崂山九水一带的漂砾景观非常相似。巨大的被冰川融水磨光的漂砾，与当地的岩性又不一致，口门那么狭窄，如何能通过该口门？从古冰川运动的观点来分析，它只能是被古冰川搬运而来，又被遗弃在此。

图 3-84　山东崂山冰坎附近的巨型漂砾

图 3-85　福建古冰坎下的漂砾

二、悬谷

在支冰川注入主冰川的汇合处，常在谷肩处出现悬谷。这是由于主冰川厚度较大，侵蚀深度也较大，而其两侧的支冰川则厚度较小、侵蚀力较弱、冰床深度不大，因此在冰川退却后，支冰川谷常高悬在主冰川谷的谷底之上，形成悬谷。

从冰川地貌的观点来看，山东崂山的悬谷可分为两类：一类为仍然有水补给类；另一类为无水补给类，也称干涸悬谷类。前者以崂山的龙潭瀑为代表，见图 3-86；后者以崂山青山湾后面山脊上的干旱悬谷为典型，见图 3-2。在冰川地质学上，它们都可称为高悬的"U"型悬谷。除了主冰川形成主谷的"U"型谷，支冰川还留下了小型的"U"型悬谷。

图 3-86　山东崂山龙潭瀑（有水活动的悬谷）

第十节　石林与石柱

一、石林

阿斯哈图为花岗岩石林，属于第四纪冰川遗迹。大青山石林乃残存的刃脊和角峰地貌，是山坡后退的剩余体，若干年后石林消失就变成侵蚀平原了，见图 3-87 和图 3-88。

图 3-87　内蒙古大青山石林之一

图 3-88　内蒙古大青山石林之二

二、石柱

北半球第三冰原区的石柱由多种原因形成。

（一）山东崂山石柱

山东崂山的自然碑为古冰川的拖动作用所致，见图 3-89。崂山东侧华严寺前的直立石碑为古冰川裂隙中的直立漂砾，见图 3-90～图 3-92。

图 3-89　山东崂山古冰川拖蚀形成的自然碑

图 3-90　山东崂山直立的漂砾型石柱之一

图 3-91　山东崂山直立的漂砾型石柱之二

图 3-92　山东崂山直立的漂砾型石柱之三

（二）浙江武岭石柱

浙江武岭发育大量的石柱地貌，如图 3-93 所示。山群中的圆柱形石柱是否与冰消期出现的旋转流活动有关，有待进一步研究。

图 3-93　浙江武岭发育的石柱地貌

（三）浙江雁荡山石柱

浙江雁荡山也发育大量的石柱地貌，如图 3-94 所示。石柱是否与冰消期出现的旋转流活动有关，也有待进一步研究。

图 3-94　浙江雁荡山发育的石柱地貌

（四）山东峄山石柱

山东峄山山顶上直立的漂砾见图 3-95，图 3-96 ～图 3-98 中的石柱为古冰川拖动作用的结果。特别是图 3-95，直立的漂砾好似"大树"，"树冠"上还保存着冰消期形成的冰水流纹槽。

图 3-95　山东峄山石柱之一

图 3-96　山东峄山石柱之二

图 3-97　山东峄山石柱之三

图 3-98　山东峄山石柱之四

第十一节　冰期时期的河流

从全球范围来看，河流分为非冰川活动区的河流和冰川活动区的河流。属于前者的河流，主要受季节影响，流量有季节性变动，可以长期存在侵蚀活动。属于后者的河流，则有明显的变动，冰期来临时，气温降低，降雪不全部融化而得到积累，逐渐形成冰川环境，这时，基本上不再有明显的河流活动，少量的冰川融水在冰川前缘流出，很快进入地层中，或者再次被冻结起来。冰川底部会出现少量冰川融水，在石灰岩等易溶性岩石分布区，会逐渐形成冰下喀斯特地貌（如果说中国的黄土是更新世连续沉积地貌的代表，中国境内的喀斯特地貌就是更新世连续侵蚀地貌的代表）。当全球气候进入冰消期以后，凡是能快速融化且具有垂向径流冲击冰下基岩、巨砾、山坡的冰川分布区，在冰川全部消退后，就会在山脊上、丘顶上、山坡上、谷底上、漂砾上等位置，留下非常圆的冰臼或者半圆形的半冰臼。当这些微地貌出现之后，间冰期时期的降水再度出现形成径流时，新生的河流可以穿过冰臼，改造冰臼、侵蚀冰臼，河道上的冰臼容易被误认为是河流形成的。凡是慢速融化的冰川，都不能形成垂向径流的冰川分布区，就不容易形成冰臼，如青藏高原河道中就很少发育冰臼。青藏高原冰川虽广为分布，但融速缓慢，不易形成垂向径流，不能形成冰臼。

　　泥石流也存在同样的问题。在非冰川活动区，理论上任何时期都会发生泥石流。在冰川活动区，冰期时期不具备发生泥石流的任何条件。有的人不愿意区分冰川活动区和非冰川活动区，也不区分冰期时期和间冰期时期，喜欢笼统地说庐山是泥石流堆积。有些学者不承认庐山的冰川沉积，根源还是把海拔当成"温度计"使用。这样的"温度计"是不可靠的。他们把大家的注意点控制在海拔上，让青年一代也进入歧途。在青藏高原地区，冰期时期形成的冰碛物，往往堆积在高处。在现代气候条件下，过去的冰碛物会成为现代泥石流的源区，许多巨型漂砾可能成为泥石流的一部分而被带到低处，容易被误认为都是泥石流堆积，其实那些巨型漂砾是古冰川从远处搬运来的。

　　冰期时期的中国东部地区，处于北冰洋极度寒冷气流的扩散区，是北半球同纬度最为寒冷的低山丘陵区，异常的低温气流与来自南海暖流和黑潮带来的水汽相遇，极易形成大面积以降雪为主的固态降水。无论是在山脊还是谷底，积雪逐渐加厚，才能区分出积累区的粒雪盆和消融区的冰川舌。那时的山谷均要被冰川占据，所以冰期时期只有冰川谷（现在见到的河谷，冰期时期均为冰川所占据）。只有这样，山谷冰川才有形成的地方。不然，冰川"U"型谷和冰川形成的非"U"型谷放在那里？山谷冰川前缘的少量融水形成的河道，才是冰期时期的河流。冰期时期不存在与冰川规模相当的、经常形成洪水和泥石流的河流，即使是长江这样的大河，也转变成经常结冰的冰湖。进入冰消期以后，几万年、甚至更长时间积累的冰体，要在几千年内融化，所以冰消期的融水量非常之巨，并具有垂直向下的旋转流直接冲蚀基岩，才能形成十分圆的冰臼和半圆形的半冰臼。

　　冰消期结束以后，无论是在山脊还是谷底或者谷坡上、巨型漂砾上，都有可能见到冰臼。山谷冰川消退以后，河流开始恢复活动，流水自上而下流动，可以经过冰臼，对冰臼进行加工改造，形成现代流水侵蚀地貌。北京延庆白龙潭实为巨型冰臼，底部还带有旋转锥，这是全球已发现冰臼中旋转锥保存最好的，肯定是冰川融水冲蚀而成的，见图3-99和图3-100。

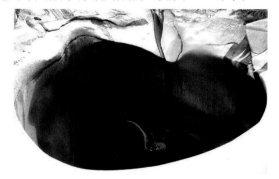

图3-99　北京延庆白龙潭冰臼

图3-100　北京延庆白龙潭冰臼中的旋转锥

　　有人说，青藏高原的冰川区很少发育冰臼。对的，依据目前的融冰速度和融冰量，难以形成冰臼。但不能以此为理由来否定我国东部存在古冰川活动。在山谷冰川退缩过程中，由冰川融水形成的河流，不断向上游延伸，最终形成间冰期出现的河道，它直接或者间接地改变初露出来的冰臼，使冰臼的形状发生变化。而山脊上的冰臼仍旧维持原先的形态。没有经验的研究者在河道上见到冰臼，就认为是河流形成的。其实，当河道上形成冰臼时，现代河流尚未形成。

　　在美国马萨诸塞州的迪尔菲尔德河发现的冰臼，证明了地质时间、冰和岩石的创造力。目前见到的

图 3-101　美国马萨诸塞州迪尔菲尔德河谷中冰川
退缩后出露的冰臼

冰臼是最后冰期结束时留下来的。在那里，随着冰川消退，形成了直径为 6in[①] ～ 39ft[②] 的 50 个独立的"水池"。圆形孔由花岗岩通过水和不同大小的旋转石块的旋涡效应磨平。由于花岗岩石的不断旋转，冰臼内呈现出非常对称和圆形的形状。图 3-101 为冰川消融后，山谷中露出的众多冰臼与半冰臼，河流的作用尚不明显。若干年后，流水会经过这里，改造这些冰臼，即这些冰臼最初不是河流冲蚀形成的。

第十二节　冰下溶蚀作用

侵蚀作用是外营力对地表冲刷、磨蚀和溶蚀等作用的总称，外营力来自流水、冰川、波浪、潮流、海流、风等。风化作用产生碎屑，为外营力提供了侵蚀地面的条件；继侵蚀作用之后，相继出现搬运作用和堆积作用，使地貌改观。狭义的侵蚀作用指流水、波浪、潮流、冰川和风等外营力的侵蚀作用；广义的侵蚀作用还包括坡地上岩屑、土粒受重力影响顺坡下移的块体运动。溶蚀作用指水对可溶性岩石的化学侵蚀过程。水中含有 CO_2 时，则具有较强的溶蚀能力，在易溶性岩石分布区（如石灰岩区）溶蚀作用尤其明显。河流侵蚀作用按作用方向可分为下蚀、侧蚀和溯源侵蚀。下蚀作用加深河床，在上游山区刻蚀出宏伟峡谷；侧蚀作用拓宽河谷，在中下游地区形成蜿蜒曲流和宽坦的谷底平原；溯源侵蚀使河流向源头延长。

地下水溶蚀和潜蚀作用多发生在岩石裂隙和孔隙中。地下水与地表水结合，溶解可溶性岩石，形成喀斯特地貌，称为溶蚀作用。地下水沿岩（土）层的裂隙流动，溶解并冲带岩（土）层中的可溶性矿物，对岩（土）层起淘空作用，引起上覆岩（土）层发生坍陷，称为潜蚀作用。早期的冰下溶蚀作用和后期的雪蚀作用、风蚀作用等共同作用而形成溶蚀洼坑。山东崂山等地区广泛发育溶蚀洼坑等微地貌，见图 3-102 ～图 3-108。

图 3-102　山东崂山发育的溶蚀洼坑之一

图 3-103　山东崂山发育的溶蚀洼坑之二

---

① 1in=2.54cm。

② 1ft=3.048×10^{-1}m。

图 3-104　山东崂山发育的溶蚀洼坑之三

图 3-105　山东崂山发育的溶蚀洼坑之四

图 3-106　山东崂山发育的溶蚀洼坑之五

图 3-107　山东崂山发育的溶蚀洼坑之六

图 3-108　山东崂山发育的溶蚀洼坑之七

第四章

第三冰原堆积地貌

　　冰碛物常被冰川搬运形成特定的地貌单元，如终碛、侧碛、中碛、冰碛丘陵等。冰碛物沉积结构特征为：不成层，无分选，杂乱无章的、大小不一的、岩性各异的、有时带有擦痕或者带有磨光面的、个体差别很大的、带有棱角的岩块或泥、砂混杂在一起等。被冰川挟带的砂石在冰川消融以后，以不同形式堆积下来便形成相应的各种冰碛物。这一过程在北半球第三冰原区发生过，并留下广为分布的古冰川遗迹。有时在冰川堆积物中，也会含有冰水作用沉积物，它们带有具有特殊层理特征的冰川纹泥。北半球第三冰原区的许多山地冰川都发育有终碛，有的终碛在山谷内，有的终碛在山体以外的山前平原上，冰斗冰川的终碛在冰坎附近。

第一节　终碛

一、山东伟德山山前的终碛垄群

　　堆积在冰舌前端的冰碛垄称终碛堤，又称前碛垄或尾碛垄。它是冰川处于暂时稳定时期，冰川前端的补给量与消融量达到平衡的条件下堆积而成的。山东半岛东端的伟德山低山丘陵呈长条状，南北宽 6km，是花岗岩山区。主峰老闫坟海拔 553.5m，连绵 39km，面积 241km²。该处古冰碛的发现，证明了山东东部丘陵的古冰川活动具有大陆冰川的特征。调查发现，伟德山的山前平原保存着三条弧形终碛垄，它们彼此相连，围着山体分布，见图 4-1；图 4-2 为伟德山终碛垄之一，该终碛垄由众多从远处搬运而来的漂砾组成，原来形成的表碛和底碛堆积区已被开垦，地表上至今仍有许多巨型漂砾；图 4-3 为伟德山终碛垄基部，在基部仍可见到许多漂砾；图 4-4 和图 4-5 为伟德山终碛垄近景，可见有许多巨型漂砾（整个丘陵由漂砾组成，丘顶仍见有巨砾，这种地貌类型无法用泥石流来解释其成因）；图 4-6 为伟德山发育的终碛垄全貌；图 4-7、图 4-8 为伟德山终碛垄顶部发育的漂砾群；图 4-9 为终碛垄表面残存的漂砾；图 4-10 为冬季的伟德山多条终碛垄形成的冰碛丘陵景观（在无农作物遮盖的情况下，显露出众多的漂砾堆积，漂砾有明显爬坡现象）。伟德山山前终碛垄群的发现，是我国东部低山丘陵区古冰川遗迹研究中的重要事件，它的存在不仅证明了海拔 1000m 以下存在山谷冰川，还有可能存在具有一定规模的小冰原冰川。

图 4-1　山东伟德山山前平原上的三条弧形终碛垄

图 4-2　山东伟德山终碛垄之一

图 4-3　山东伟德山终碛垄基部(见有众多的漂砾堆积)

图 4-4　山东伟德山终碛垄之二（丘陵上的漂砾堆积非常明显）

图 4-5　山东伟德山终碛垄近景

图 4-6　山东伟德山终碛垄之三

图 4-7　山东伟德山终碛垄顶部漂砾群之一

图 4-8　山东伟德山终碛垄顶部漂砾群之二

图 4-9　山东伟德山终碛垄表面残存的漂砾

图 4-10　山东伟德山冬季的冰碛丘陵

二、山东沂源县芝芳沟花岗岩组成的终碛

　　芝芳沟的路围绕终碛的三面而行。经考察，该终碛高 3～5m，非常宽阔，顶部经当地居民的长期开掘，已建成果园。它横在谷口（与水流方向垂直），内部岩性含花岗岩，而该谷地的东西两端是相通的，可见该谷地仅为过去冰川谷地的一部分，古冰川的上源还在更远处。由此可以看出，鲁山一带的古冰川活动是非常之强烈，该冰川至少有两条古冰川舌，在冰期时期两者构成巨大的复合冰川。当冰川消亡之后，从远处搬运而来的花岗岩，在石灰岩地区形成了今日仍可见到的终碛堆积。在谷地中，花岗岩块也是随处可见，表明该谷地确实曾被来自花岗岩地区的古冰川舌所占据，见图 4-11。另外，在该主冰川谷内还有许多农田，这些农田都是主冰川谷遗留下来的冰水沉积物，有时还可见到层理，物质成分主要为花岗岩风化而成的砂粒。

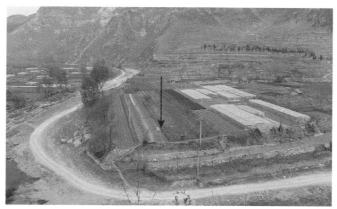

图 4-11　山东沂源县石灰岩谷地中含花岗岩的终碛

　　经调查发现，古冰川的上源为还在更远处的鲁山东翼。从全球的情况来看，里斯冰期的规模要比最后冰期大。当里斯冰期来临时，来自鲁山的一个分支冰川曾进入沂源县芝芳沟，冰川融化后就留下了目前仍可见到的终碛堆积。在由石灰岩组成的山谷中，能找到很多的花岗岩成分的堆积体，足以证明当地发生过古冰川作用。沂源县石灰岩地区的支冰川也留下了由石灰岩组成的终碛，见图 4-12。

图 4-12　山东沂源县石灰岩地区高起的终碛

三、山东崂山终碛

　　山东崂山北九水景区的门外，俄罗斯饭店旧址的房基就是由白色花岗岩巨砾堆积的垄岗，见图 4-13，它就是崂山终碛漂砾群的代表，这些漂砾群距其源地已有 4 ～ 5km 之遥。除冰川以外，无其他外营力能搬运如此巨大的漂砾群，移动达数千米之远。在崂山巨峰之下的束住岭，也能见到古冰川终碛堆积群，见图 4-14。

图 4-13　山东崂山北九水景区俄罗斯饭店旧址外
高大的终碛

图 4-14　山东崂山束住岭古冰川舌前缘

四、山西芦芽山冰川终碛

芦芽山系管涔山的主峰，位于山西宁武县，在距宁武县城西南 30km 处，属吕梁山脉，因形似一"芦芽"而得名，海拔 2739m。在山前堆积着高大的终碛，见图 4-15 和图 4-16。该处的终碛垄，物质组成主要为来自上源的岩浆岩类，而当地岩石为石灰岩。

图 4-15　山西芦芽山冰川终碛（海拔约 1500m）　　　　图 4-16　山西芦芽山终碛剖面

五、浙江下苗村冰川终碛

浙江黄岩下苗村附近发育五列终碛垄，许多房屋建在终碛垄上。图 4-17 为下苗村"U"型谷冰川远景，高高隆起的舌状为冰碛垄，该冰碛垄末端海拔为 187m、中部海拔为 229m、上部海拔 482m。

图 4-17　浙江下苗村冰川终碛垄

第二节　侧碛

一、山东峄山侧碛

冰川搬运的物质被称为冰碛物。由冰川侵蚀作用产生的大量松散岩屑，以及从山坡上崩落下来的岩石，进入冰川体后，会随冰川的运动而向下游运移，这些被冰川搬运的岩块称为冰碛物。冰川搬运能力很大，可将粒径 20m 以上的巨大岩块搬走。粒径大于 1m 的岩块称为冰川漂砾，这种地质现象在山东峄山普遍存在，广为分布。为方便起见，我们把位于峄山景区东侧保存最佳的两列侧碛分别称为西侧碛和东侧碛。图 4-18 为峄山东侧碛，外观为长条形，岩性为中粗粒花岗闪长岩类，风化程度较高，堆积在上次古冰川形成的磨光面上。从沉积结构来看，它是杂乱无章的漂砾堆积、无分选、无层次的叠加地貌。图 4-19 为峄山西侧碛和宽阔的磨光面，该磨光面为古冰川活动时的冰舌位置。图 4-20 为峄山东西侧碛间的古冰川舌遗迹，古冰川舌底部为磨光面，磨光面上散落着大小不一的漂砾，多为冰川活动时期的表碛。在冰川融化过程中，冰川移动消失，无力再将其搬走，当冰川完全消亡后，自然就形成了今日的景观。虽经数万年甚至数十万年的外力侵蚀，其基本上仍能维持原貌。

图 4-18　山东峄山东侧碛

图 4-19　山东峄山西侧碛和宽阔的磨光面

图 4-20　山东峄山东西侧碛间的古冰川舌遗迹

二、山东五莲山侧碛

山东五莲山海拔 515m，主要由花岗岩构成。经实地考察，五莲山的古冰碛物也非常发育，有多种类型的古冰川侵蚀和堆积地貌，见图 4-21。

图 4-21　山东五莲山古冰川侧碛垄岗

对五莲山景区门口的冰碛物和后山山谷中的冰碛物，进行了热释光（ESR）测年，五莲山景区门口的冰碛物年龄为 80.6ka B.P.，五莲山后山山谷中的冰碛物年龄为 25.8ka B.P.。五莲山属温带季风气候，平均气温 12.6℃。冰期时期这里发育冰川，冰川从山区扩展到山前平原，冰川消退后，留下了被冰川搬运的漂砾。

三、山东泰山东侧侧碛

泰山位于山东泰安市中部，素有"五岳之首"之称。主峰玉皇顶在泰安市北，坐标为（36°16′N，117°6′E），海拔 1532.7m。进入第四纪以来，深受古冰川作用的影响，泰山留下了深厚的古冰川遗迹，它的西侧和南侧受历代人类活动的影响，许多遗迹已不复存在，只有北侧和东侧尚保存许多古冰川堆积剖面，见图 4-22 和图 4-23。

图 4-22　山东泰山东侧侧碛剖面之一

图 4-23　山东泰山东侧侧碛剖面之二

四、山东蒙山侧碛

山东蒙山森林公园内的冰碛垄岗十分发育，有的路就是沿着垄岗修筑而成的，见图 4-24～图 4-28。

图 4-24　山东蒙山森林公园侧碛之一

图 4-25　山东蒙山森林公园侧碛之二

图 4-26　山东蒙山森林公园侧碛之三（红嫂洞）

图 4-27　山东蒙山森林公园侧碛之四

图 4-28　山东蒙山森林公园侧碛之五

五、山东崂山大河东和北九水侧碛

山东崂山巨峰西侧发源于石门涧的凉水河和发源于茶涧的大河下游交汇处，就是大河东村。那里古冰川形成的侧碛堆积在向阳面非常发育，厚度有 30 ～ 40m，路建在侧碛的中部，见图 4-29、图 4-30。

图 4-29　山东崂山大河东谷地中的侧碛剖面之一

图 4-30　山东崂山大河东谷地中的侧碛剖面之二

崂山北九水侧碛高约 25m，直径达 7 ～ 8m 的白色花岗岩块堆积成垄岗状，见图 4-31。

图 4-31　山东崂山北九水侧碛

六、山东昆嵛山侧碛

昆嵛山横亘山东烟台、威海两地，主峰泰礴顶海拔922.8m。胶东半岛东部最高峰冰期时期为冰川所覆盖，山前形成高大的侧碛堆积，见图4-32和图4-33。

图4-32　山东昆嵛山山前古冰川侧碛堆积之一

图4-33　山东昆嵛山山前古冰川侧碛堆积之二

七、浙江天目山侧碛

天目山，地处浙江杭州市临安区，位于浙皖两省交界处，距杭州市区84km，主峰仙人顶海拔1506m。古名浮玉山，"天目"之名始于汉，有东西两峰，顶上各有一池，长年不枯，好像两个眼睛，故名。天目山冰碛物非常发育，几乎是随处可见，图4-34～图4-37就是路边出露的侧碛剖面。

图4-34　浙江天目山侧碛剖面之一

图4-35　浙江天目山侧碛剖面之二

图4-36　浙江天目山侧碛剖面之三

图4-37　浙江天目山侧碛剖面之四

八、北京西山灵岳寺侧碛

北京西山灵岳寺为较小的山谷冰川堆积体，古冰川舌两侧各有三条侧碛，原先的灵岳寺村就建在古冰川舌上，灵岳寺建在古冰川舌的前端。20 世纪中叶把三条侧碛填平了，21 世纪初当地修路，挖开侧碛剖面，目前仍可见到高大的侧碛垄岗，见图 4-38。

图 4-38　北京西山灵岳寺东侧侧碛

第三节　古冰川舌堆积

古冰川舌堆积是冰川的表碛、内碛和冰川底部的底碛，在冰川逐渐消融过程中逐渐聚集起来而形成的。特别是延伸到山体外的古冰川遗迹，多不形成侧碛，应该形成侧碛的漂砾多半与邻近的冰碛物合并成古冰川舌堆积体。

一、河北兴隆县奇石谷古冰川舌堆积

位于河北兴隆县王平石村的奇石谷，系第四纪冰川作用所形成，是古冰川的搬运作用所致。图 4-39 为河北兴隆县奇石谷古冰川舌堆积。

图 4-39　河北兴隆县奇石谷古冰川舌堆积

二、山东小珠山古冰川舌堆积

小珠山位于山东青岛市黄岛区。冰期时期的小珠山和崂山一样都被古冰川覆盖，图 4-40 为小珠山古冰川舌延伸到山前平原的遗迹。

图 4-40　山东小珠山古冰川舌堆积

三、北京西山灵岳寺古冰川舌堆积

北京西山灵岳寺建在古冰川舌上，规模不大但很稳定，见图 4-41。图 4-42 为古冰川上至今尚存的巨型漂砾。

图 4-41　北京西山灵岳寺古冰川舌堆积

图 4-42　北京西山灵岳寺古冰川舌顶部的巨型漂砾

四、山东崂山北部的古冰川舌堆积

山东崂山北部的古冰川活动与东部的山麓冰川活动不同，北部的古冰川多为单一形式，冰川舌可以延伸至山前，形成古冰川舌堆积，见图 4-43 和图 4-44。

图 4-43　山东崂山劈石口古冰川舌堆积

图 4-44　山东崂山北部古冰川舌堆积剖面

五、山东泰山北部的古冰川舌

过去由于交通不便，对山东泰山北部和东部的调查甚少。前几年我们有机会到泰山北面和东面进行调查，发现有的冰川舌正在被挖掘，见图4-45和图4-46。

图4-45　山东泰山北部的古冰川舌堆积之一　　　　图4-46　山东泰山北部的古冰川舌堆积之二

第四节　冰碛丘陵及其剖面

冰碛丘陵是冰川消失时由冰面、冰内和冰下岩块移居到底碛之上所形成的起伏不定的丘陵地形，它指示冰川停滞或迅速消亡时的情景，广泛发育于大陆冰原地区，高数十或数百米。在山岳冰川区冰碛丘陵规模较小。冰碛丘陵及其剖面的一般特征为：杂乱无章、无分选、无层次、所含冰碛物棱角明显等。图4-47为美国东北部劳伦泰德冰原的剖面。

图4-47　美国东北部劳伦泰德冰原的剖面

一、山东崂山东侧的冰碛剖面

山东崂山东侧的冰碛物十分发育，多由直径达数米的花岗岩块组成，多条冰碛垄显示为十分复杂的冰碛丘陵景观，见图4-48和图4-49，图4-50～图4-54为其剖面特征。

图 4-48　山东崂山东侧冰碛丘陵之一

图 4-49　山东崂山东侧冰碛丘陵之二

图 4-50　山东崂山东侧冰碛剖面之一

图 4-51　山东崂山东侧冰碛剖面之二

图 4-52　山东崂山东侧冰碛剖面之三

图 4-53　山东崂山东侧冰碛剖面之四

图 4-54　山东崂山东侧冰碛剖面中的巨型漂砾

二、北京西山寨口冰碛剖面

从挖开的地层剖面分析，北京西山寨口应是冰碛剖面，见图 4-55、图 4-56。

图 4-55　北京西山寨口冰碛剖面之一

图 4-56　北京西山寨口冰碛剖面之二

三、北京延庆白龙潭冰碛剖面

白龙潭是发现最大冰臼的地方，冰臼的出现不是孤立现象，古冰川堆积物也异常发育，见图 4-57 和图 4-58。

图 4-57　北京延庆白龙潭冰碛剖面之一

图 4-58　北京延庆白龙潭冰碛剖面之二

四、北京西山灵岳寺冰碛剖面

北京西山灵岳寺附近冰碛物随处可见，特别是冰碛剖面中的巨型漂砾，多分布在剖面的中上部位，见图 4-59 和图 4-60。

图 4-59　北京西山灵岳寺冰碛剖面之一

图 4-60　北京西山灵岳寺冰碛剖面之二

五、北京西山斋堂对面马兰台上的冰碛剖面

北京西山斋堂对面马兰台阶地的前部，曾有黄土沉积剖面，现已被搬掉而消失；它的后部如图4-61所示，不具备河流沉积特征，而显示为杂乱的、无分选的冰川堆积特征。

图4-61　北京西山斋堂对面马兰台后部堆积

六、江西庐山冰碛剖面

从庐山东门外挖开的剖面来看，其属于典型的古冰川堆积特征，既无层理，又无分选，岩性各异、杂乱无章的堆积物充分证明李四光对庐山古冰川遗迹的研究与分析是非常正确的，见图4-62。

图4-62　江西庐山冰碛剖面

七、内蒙古大青山冰碛剖面

内蒙古大青山地区多为山地，属阴山山脉大青山中段，自然景观独特。大青山保存着多种类型的古冰川遗迹，冰川堆积几乎是随处可见，见图4-63。

图4-63　内蒙古大青山冰碛剖面

八、山东招虎山冰碛剖面

山东招虎山位于胶东半岛南部的海阳市，距海阳城区 8km，是崂山山系的分支，主峰海拔 549.7m，山势陡峭，峰险谷深。据调查，招虎山古冰川遗迹分布较广，类型多样，如冰川谷、巨型漂砾、冰臼等，图 4-64 为招虎山的冰碛剖面。

图 4-64　山东招虎山冰碛剖面

九、山东蒙山冰碛剖面

山东蒙山曾被古冰川覆盖，留下了多种冰川地貌，如大面积的磨光面、随处可见的漂砾、漫长的侧碛及冰碛剖面等，见图 4-65。

图 4-65　山东蒙山冰碛剖面

十、大围山冰碛剖面

大围山位于湘赣界，是连云山脉的腹地，东边属江西宜春市下辖的铜鼓县，西北方为湖南浏阳市的东北部，它既是浏阳河的发源地，又是湘东第一高峰，主峰七星峰海拔 1607.9m。当地冰碛地貌发育，多以巨型漂砾叠加而成，见图 4-66。

图 4-66　大围山冰碛剖面

十一、安徽天柱山冰碛剖面

天柱山位于安徽安庆市潜山市西部，为大别山山脉东延的余脉，主峰海拔 1488.4m。天柱山冰碛地貌非常发育，多为巨型漂砾堆积，见图 4-67。

图 4-67　安徽天柱山冰碛剖面

十二、山东五莲山冰碛剖面

五莲县是山东日照市下辖县，因境内有五莲山而得名。五莲山在冰期时期被古冰川覆盖，留下多种冰川地貌遗迹。图 4-68 为山东五莲山冰碛叠加剖面。

图 4-68　山东五莲山冰碛叠加剖面

十三、山东大青山冰碛剖面

山东大青山保存着大规模的冰碛垄岗，其上分布着众多的漂砾，记载了当时的冰川规模，见图 4-69。

图 4-69　山东大青山垄岗上的冰碛剖面

第五节　冰碛石河

北半球第三冰原指的是第四纪冰期时期我国东部低海拔山地发育的冰原。冰期时期南海暖流和黑潮带来了丰富的水汽，再加上寒潮路径的东移直接把北冰洋的高压、低温气流扩散到我国东部中低山地地区，使我国成为北半球同纬度最冷的地区。寒潮与南海暖流和黑潮两者的结合就形成了北半球第三冰原。

我国山地众多，南北向、东西向和其他方向的山地都十分发育，具备形成多种冰川类型的条件。冰川退缩之后，就会形成多种冰碛地貌，冰碛石河是其中之一。冰碛石河的形成条件如下。

（1）岩性条件：花岗岩和其他岩浆岩都是节理发育地区。我国东部低山丘陵区是燕山期花岗岩的主要分布区，所以冰碛石河特别发育。目前见到的冰碛石河是冰川发育时表碛、内碛、底碛和侧碛汇集而成。

（2）地貌条件：山地要有一定的高度（100m 以上），山谷比较狭窄，谷底比较平坦，有开口较小的谷口，发育山间小盆地。

（3）古冰川条件：冰川中含有大量被拖动、侵蚀而来的冰碛物，其运动速度缓慢。

一、山东崂山冰碛石河

山东崂山有多种冰碛地貌，冰碛石河是其中之一，见图 4-70～图 4-73。

图 4-70　山东崂山冰碛石河之一　　　　　　图 4-71　山东崂山冰碛石河之二

图 4-72　山东崂山冰碛石河之三

图 4-73　山东崂山冰碛石河之四

二、浙江天目山冰碛石河

天目山冰川石寨景区气候独特、植物景观季相丰富、怪石嶙峋，第四纪冰川遗迹发育。地质学家李四光称西关石寨沟为"华东地区古冰川遗迹之典型"，见图 4-74 和图 4-75。

图 4-74　浙江天目山冰碛石河之一

图 4-75　浙江天目山冰碛石河之二

三、山东鲁山冰碛石河

鲁山位于山东沂源县西北部的南鲁山镇，当地以花岗岩地貌景观为主。更新世期间鲁山一带为古冰川所覆盖，冰川消退后，留下了众多的古冰川遗迹，见图 4-76 ～图 4-85。

图 4-76　山东鲁山古冰舌堆积剖面

图 4-77　山东鲁山古冰舌表面的漂砾之一

图 4-78 山东鲁山古冰舌表面的漂砾之二

图 4-79 山东鲁山漂砾堆积垄岗之一

图 4-80 山东鲁山漂砾堆积垄岗之二

图 4-81 山东鲁山漂砾堆积垄岗之三

图 4-82 山东鲁山漂砾堆积垄岗之四

图 4-83 山东鲁山漂砾堆积垄岗之五

图 4-84 山东鲁山石摞石地貌之一

图 4-85 山东鲁山石摞石地貌之二

第六节 冰川纹泥

1910 年瑞典德耶尔（1859～1943 年）提出了季候泥层分析法，判定斯堪的纳维亚地区泥层的绝对年代可以上推到 1 万年左右。此后，他的学生安蒂夫斯（E. Antevs）将其逐渐完善。不过这一分析法的应用只限于一定的地区，而且必须将考古资料与地质年代学的泥层联系起来才能判定。冰川后退时，因为前面冰碛物的堆积会阻塞冰水的流路，所以常常可以积水形成边缘湖。每当春夏之季，冰川融化，就有大量泥沙流入湖中，比较粗的颗粒迅速沉积，细的颗粒往往悬浮在水中甚久。到了秋冬之季，湖面结冰，粗的供应物质全告中断，这时在冰层以下悬浮的细粒泥土和藻类物质就开始慢慢沉积，成为深色的黏土，与湖中在春夏季沉积的较粗泥沙截然不同。如此一粗一细两层很容易识别的沉积物，名为季候泥或冰川泥，也称为纹泥。也有研究者对季候泥的形成做如下描述：夏季冰融较快，冰水量大，搬运能力强，带来较多的细砂、粉砂并迅速沉积，成层略厚，并因氧化较强而颜色较浅；冬季冰融停止，只有悬浮于水体中的细粉砂及黏土等物质缓慢沉积下来，成层极薄，且因氧化较弱而颜色较深。纹泥像树木的年轮一样，可据此计算沉积物质形成的年代，每一对粗细的冰川泥代表一年的沉积，有多少对就代表有多少年的冰水湖沉积。由此也可以推断冰川退缩的历史，以及古气候的变化，因为特别热的夏季可以有比较厚的粗砾季候泥。这种方法被称为季候泥断代。冰川泥的层厚通常小于 1cm，偶尔厚达 30cm 左右，但不常见。在山东崂山九水外，卧龙村的上部山谷中保存着完好的季候泥沉积。该季候泥沉积由中国科学院地球环境研究所测得的年代为距今（53.9±3.5）ka，属于最后冰期，见表 4-1。深色层与浅色层清晰可辨，剖面上还有许多白色斑点。季候泥的发现再次证明，崂山存在古冰川遗迹。山东崂山季候泥见图 4-86～图 4-88。

表 4-1 山东崂山冰碛堆积和季候泥的测年

实验室号	野外号	K（%）	含水量（%）	剂量率（Gy/ka）	等效剂量（Gy）	年龄（ka B.P.）	注
IEE1344	D1 仰口剖面	2.00	24±3	4.19±0.21	811.2±21.1	193.5±10.7	参考
IEE1345	D2 仰口剖面	1.13	24±3	1.80±0.07	299.2±37.4	166.5±21.8	参考
IEE1346	D3 仰口冰碛扇顶部	1.60	24±3	3.55±0.18	640.2±74.0	180.2±22.7	参考
IEE1347	D4 白云水库中碛	2.80	24±3	5.04±0.23	476.3±19.4	94.5±5.8	
IEE1348	D5 白云水库山谷北侧	1.79	24±3	3.49±0.16	156.1±3.4	44.7±2.3	参考
IEE1349	D6 刁龙嘴大桥下冰碛物	2.19	24±3	3.88±0.17	666.9±75.3	172.0±20.9	参考
IEE1350	D7 华严寺终碛	2.64	24±3	5.60±0.28	791.6±68.1	141.3±14.0	参考
IEE1351	D8 华严寺公路旁	2.38	24±3	4.31±0.20	848.0±91.4	197.0±23.0	参考
IEE1352	D9 天波池	1.90	24±3	4.32±0.22	1.2±0.4	0.3±0.1	
IEE1353	D10 瑶池	2.09	24±3	3.65±0.16	1.8±1.3	0.5±0.4	
IEE1354	D11 束住岭前缘	2.58	24±3	5.98±0.31	52.1±3.6	8.7±0.8	
IEE1355	D12 大河东水库冰碛堤	2.02	24±3	3.97±0.19	444.8±33.2	112.1±9.9	
IEE1356	D13 北九水八水桥	2.05	24±3	3.62±0.16	288.7±19.0	79.8±6.3	
IEE1357	D14 王哥庄西三沟	1.96	24±3	3.89±0.18	837.4±44.8	215.5±15.4	参考
IEE1358	D15 王哥庄核桃涧口	2.64	24±3	3.84±0.15	504.5±18.8	131.3±7.1	参考
IEE1359	P2D1 冰碛湖纹层	2.39	24±3	4.44±0.21	209.0±35.1	47.0±8.2	
IEE1360	P2D2 冰碛湖纹层	2.45	24±3	4.17±0.18	66.2±2.2	15.9±0.9	
IEE1361	P2D3 冰碛湖纹层	2.41	24±3	4.34±0.20	189.3±4.5	43.6±2.2	
IEE1362	P2D4 冰碛湖纹层	2.54	24±3	4.44±0.20	233.2±6.0	52.5±2.7	
IEE1363	P2D5 冰碛湖纹层	2.30	24±3	4.43±0.209	238.8±10.7	53.9±3.5	

注：K 表示钾的含量

图 4-86　山东崂山卧龙村季候泥之一

图 4-87　山东崂山卧龙村季候泥之二

图 4-88　山东崂山卧龙村季候泥之三

第七节　石灰岩山区的花岗岩堆积

芦芽山系管涔山的主峰，位于山西忻州市宁武县，地处晋西北黄土高原，芦芽山最高峰荷叶坪海拔2784m。芦芽山地形复杂，垂直高差达 1300m。整个管涔山地区地势中部高、东西低，有土石山区、黄土丘陵区、河川三种地貌。以宁武县分水岭为界，向西南为汾河流域，向东北为恢河流域。汾河河谷西部多高山峻岭，森林覆盖较好。恢河呈西南东北走向，沿河谷地地势较低，两侧多黄土丘陵，基本无森林覆盖。

在芦芽山的石灰岩山地，地层层面非常清晰，在石灰岩山丘顶部堆积了许多花岗岩漂砾。附近花岗岩分布区距离此处数千米，这些漂砾从哪里来的呢？可以肯定地说，那是古冰川从数千米以外的地方搬运而来的，又被古冰川遗弃在此。图 4-89 为它的正面（南面），图 4-90 是它的背面（北面）。

图 4-89　芦芽山南坡的花岗岩漂砾（海拔 1700m）

图 4-90　芦芽山北坡的花岗岩漂砾（海拔 1700m）

第五章

第三冰原的漂砾

　　冰川漂砾是由冰川搬运并在距发源地一定距离的地方堆积的巨砾。它可随冰川翻山越岭，有的直径达20m以上。冰川搬运能力很强，它不仅能将冰碛物搬运到很远的距离，还能将巨大的岩块搬运到很高的地方。欧洲第四纪大冰川曾把斯堪的纳维亚半岛上的巨砾搬运到千里之外的英国东部、德国、波兰北部和俄罗斯及其他东欧地区国家。冰川还有逆坡搬运的能力，能把冰川从低处搬到高处，西藏东南部一些大型山谷冰川把花岗岩的冰碛砾石抬举高达200m。具有磨圆擦痕的大漂砾，不仅是冰川流行的证据，还可用作测量冰川流向、圈定范围，以及追索、寻找砂矿、原生矿床的标志。

　　山东崂山太平官附近的丘顶上，有大量被挤压在一起的漂砾，它们岩性不同、源地各异、色调互异，它们是被古冰川带到此地，见图5-1和图5-2。这种现象既是冰川活动时期的挤压现象，又是冰川消退时期的堆放过程。这种现象表明，崂山存在巨厚的冰川，其将冰川运动的状态也记录了下来。

图 5-1　山东崂山挤压堆积（侧面）

图 5-2　山东崂山挤压堆积（正面）

第一节　堆放型漂砾

一、立于坡上的漂砾

　　冰川搬运能力极强，它能将巨大的岩块搬运到很远或很高的地方。那些被搬运到很远或很高地方的巨大岩块被称为漂砾。漂砾的大小极其悬殊，有的只有拳头那么大，有的则有房子那么大。漂砾可被冰川搬运到很远的地方。冰消期来临之际，那些被冰川运移的漂砾慢慢地停下来，保持原先的状态，于是就会出现立于坡上的漂砾，见图5-3～图5-12。

图 5-3　山东崂山停在斜坡上的漂砾之一

图 5-4　山东崂山停在斜坡上的漂砾之二

图 5-5　安徽天柱山停在斜坡上的漂砾

图 5-6　山东槎山停在斜坡上的漂砾

图 5-7　山东青岛鹤山停在斜坡上的漂砾

图 5-8　山东崂山巨峰附近立于坡上的漂砾

图 5-9　山东青岛鹤山立于坡上的漂砾

图 5-10　山东峄山立于坡上的漂砾之一

图 5-11　山东峄山立于坡上的漂砾之二

图 5-12　山东崂山华楼山立于坡上的漂砾

图 5-12 和图 5-13 中漂砾的堆放状态十分相似，图 5-12 是山地冰川消退后的遗存，北美洲第四纪大冰川曾把巨砾搬运到几百千米以外，图 5-13 是北美大陆冰川消退后遗存的冰川漂砾。

图 5-13　北美大陆冰川区的漂砾

二、直立的漂砾

许多漂砾可以直立停放在斜坡上，这是用山崩、泥石流等无法解释的地质现象，图 5-14～图 5-18 为低海拔山区遗留的部分直立型漂砾。

图 5-14　山东峄山直立型漂砾

图 5-15　山东崂山重心在上直立型漂砾

图 5-16　山东槎山海岸上的直立巨型漂砾

图 5-17　山东威海三瓣石村附近直立型漂砾之一

图 5-18　山东威海三瓣石村附近直立型漂砾之二

三、丘顶上的漂砾

有的冰川漂砾，在冰川消退时，刚好停放在丘顶上，这种现象在国内外的冰川活动区都存在。图 5-19～图 5-24 为第三冰原区丘顶上的漂砾。

图 5-19　山东崂山直立丘顶上的漂砾

图 5-20　山东峄山丘顶上的巨型漂砾

图 5-21　山东峄山直立丘顶上的漂砾

图 5-22　山东崂山丘顶上的漂砾

图 5-23　山东青岛鹤山巨型漂砾上的漂砾

图 5-24　山东崂山东侧山顶的漂砾

第二节　飞来石型漂砾

　　北半球第三冰原活动区，还有一种飞来石型漂砾，许多巨大的岩块被搬运到其他岩块或者基岩面上，显得十分不和谐。它们之间具有很大的区别，如岩性、体积、重量、排列方向、节理面的方向、风化程度、海拔等均不相同，它们为何能叠加在一起？只能证明它们是被当地的古冰川驮送遗弃在此。这种飞来石型漂砾在劳伦泰德冰盖和斯堪的纳维亚冰盖覆盖区分布较为广泛，图 5-25 为美国约塞米蒂国家公园的冰川漂砾。

图 5-25　美国约塞米蒂国家公园的冰川漂砾

一、山东崂山飞来石

　　被古冰川搬运的漂砾，停留在新的地方，它的岩性与当地的岩性不同，色调也明显有差异。在地质科学兴起之前，人们无法解释其来源，就将其称为飞来石。图 5-26 ～图 5-32 为山东崂山飞来石，白色漂砾停留在淡红色花岗岩构成的山谷中，它们离开原地已数千米之遥。从冰川地貌的角度来看，这几块白色花岗岩，并不是飞来的。如果留意一下就会发现，它们几乎在同样的高度停留下来，这就表明，它们是崂山九水上源巨大的山谷冰川的侧碛堆积，由于那里的山谷比较陡，当山谷冰川消融后，属于古冰川侧碛的冰碛物，大部分都跌入谷底，因此崂山九水的山谷中，到处都有巨大的漂砾堆放着。目前还能见到的几块白色花岗岩属于古冰川侧碛的残存部分。此外，山东青岛灵山岛也有从异地搬运来的飞来石，该飞来石与当地基岩岩性不同，见图 5-33。

图 5-26　山东崂山北九水飞来石之一

图 5-27　山东崂山北九水飞来石之二

图 5-28　山东崂山北九水飞来石之三

图 5-29　山东崂山北九水飞来石之四

图 5-30　山东崂山北九水飞来石之五

图 5-31　山东崂山北九水巨型漂砾上的飞来石

图 5-32　山东崂山北九水谷底的巨型飞来石

图 5-33　山东青岛灵山岛上的飞来石

二、山东沂山飞来石

　　沂山旧称"东泰山"，是沂蒙山主脉，居中国五大镇山之首。主峰玉皇顶海拔 1032m，被誉为"鲁中仙山"。更新世期间沂山与鲁山、泰山一起，构成山东丘陵一带最大的冰帽冰川，沂山位于该巨型冰帽冰川的东首，留下了多种古冰川遗迹。飞来石都不是飞来的，它们都是被古冰川搬运而来，又被古冰川遗弃在此，刚好落在陡崖上，过去不知其缘由，均称为飞来石，见图 5-34。

图 5-34　山东沂山山顶的巨型漂砾（该漂砾也是一种飞来石）

三、山东峄山飞来石

　　山东峄山遍布许多巨大的岩石，其岩性、色调、组成、排列方向、源地明显不同，但能叠加在一起，表明它们为古冰川搬运过的漂砾，见图 5-35 ～图 5-44。

图 5-35　山东峄山飞来石之一

图 5-36　山东峄山飞来石之二

图 5-37　山东峄山飞来石之三

图 5-38　山东峄山飞来石之四

图 5-39　山东峄山飞来石之五

图 5-40　山东峄山飞来石之六

图 5-41　山东峄山飞来石之七

图 5-42　山东峄山飞来石之八

图 5-43　山东峄山飞来石之九

图 5-44　山东峄山飞来石之十

图 5-45　山东新泰飞来石

四、山东新泰飞来石

新泰坐落在鲁中腹地，泰山东麓，位于山东中部，地处泰山蒙山连接地带。新泰周边发育丰富的第四纪冰川遗迹，如冰川侵蚀地貌和冰川堆积地貌等，飞来石见图 5-45。

五、安徽天柱山飞来石

天柱山位于安徽安庆市潜山市西部，为大别山山脉东延的一部分（或称余脉），一般指潜山市内以主峰天柱峰为中心的山地，有时也指其主峰。天柱山主峰海拔 1488.4m，中心位置（天柱峰）地理坐标为（30°43′N，116°27′E）。天柱山发育多种类型的第四纪冰川遗迹，飞来石见图 5-46 和图 5-47。

图 5-46　安徽天柱山飞来石之一

图 5-47　安徽天柱山飞来石之二

六、福建等地的飞来石

福建沿海一带在第四纪冰期时期曾是古冰川活动区。随着冰消期来临，来自第三冰原的冰川融水从浙江、福建和广东一带入海，冲蚀低海拔地区。随着冰后期的到来，海面升起，淹没部分低山丘陵地区，所以浙闽一带岛屿众多，未被淹没的岛屿上会留下众多的冰川漂砾，形成特有的冰碛景观。从异地搬运而来的飞来石，就是当地存在古冰川活动的最好证明，见图 5-48 ～图 5-55。

图 5-48　福建漳州东山岛飞来石之一

图 5-49　福建漳州东山岛飞来石之二

图 5-50　福建莆田菜溪岩飞来石

图 5-51　河北保定野三坡飞来石

图 5-52　福建厦门虎溪岩飞来石

图 5-53　福建莆田仙游飞来石

图 5-54　四川长宁梅硐竹石林飞来石

图 5-55　内蒙古大青山飞来石

第三节　夹石型漂砾

夹石为古冰川活动遗迹之一，在两块巨型漂砾之间或者在一峡谷中，夹有一块或者多块，被冰川从异地搬运来，落在其中，因体积较大，而不能落入底部，形成夹石。它的形成过程，可以描述为：在冰川运行过程中，偶尔有落入峡谷中的漂砾，冰川无力将它运走，或者是冰消期恰好落在峡谷或者漂砾间的巨型岩石，形成夹石景观，见图 5-56～图 5-66，它的形成过程与泥石流活动无关。

图 5-56　安徽天柱山夹石之一

图 5-57　安徽天柱山夹石之二

图 5-58 安徽天柱山夹石之三

图 5-59 山东崂山太平宫夹石

图 5-60 山东崂山九水上源夹石

图 5-61 山东崂山崂顶夹石之一

图 5-62 山东崂山崂顶夹石之二

图 5-63 山东峄山夹石

图 5-64　海南岛东山岭夹石

图 5-65　福建穆阳镇夹石

图 5-66　福建白云山夹石

第四节　石摞石型堆积

　　石摞石是冰川活动区的重要地质现象，不同源地、不同色调、不同时代、不同大小的岩块叠加在一起，构成石摞石景观。由于冰川的厚度大，达几十米或数百米厚，在冰川活动时期，不同深度上都会有冰碛物，也就是冰川的表碛和内碛。当冰川融化时，冰川不再运动，所含冰碛物高度不断降低，有的直接落到磨光面上，成为单独的漂砾；有的落在漂砾上，成为最初的石摞石。这一过程持续下去，就有可能出现三层、四层或多层石摞石景观，特别是还有大漂砾在上、小漂砾在下的倒置景观。这进一步证实峄山地区确实存在古冰川活动（图 5-67～图 5-74）。石摞石现象用滚石堆积、泥石流活动或者洪水堆积都难以解释。

　　除连云港东磊石海中的石摞石型堆积以外（图 5-75），还有成排出现的漂砾，有的是垂直分布的四叠石，有的是水平分布的漂砾群，见图 5-76。

图 5-67　山东峄山的石摞石之一

图 5-68　山东峄山的石摞石之二（多层砾石叠加）

图 5-69　山东峄山的石摞石之三

图 5-70　山东峄山的石摞石之四

图 5-71　山东崂山的石摞石之一

图 5-72　山东崂山的石摞石之二

图 5-73　山东崂山的石摞石之三

图 5-74　山东威海三瓣石古冰川形成的石摞石型堆积

图 5-75　江苏连云港东磊石海中的石摞石型堆积

图 5-76　广东饶平水平分布的漂砾群

第五节　中国东部其他山地的漂砾

一、江西庐山漂砾

1930 年，李四光先生在庐山考察时，发现了第四纪冰川留下的踪迹。以此为基础，经过多年考察研究，他提出了中国第四纪冰川地质学说，认为大约在 200 万年以前地球上出现了第四纪冰川。经实地考察，庐山发育典型的冰川漂砾形成的叠石现象，见图 5-77。

图 5-77　江西庐山漂砾与叠石

二、浙江天目山巨型漂砾

1933 年前后，李四光先生曾三次到浙江天目山一带考察，他在《关于研究长江下游冰川问题材料》一文中指出："从天目山北麓到 800m 高度，处处深沟峡谷，或形成悬崖；冰川槽谷有平溪谷地及其中支谷。"其支谷之一便是如今的火山大石谷，谷口有巨型漂砾，见图 5-78。

图 5-78　浙江天目山火山大石谷巨型漂砾

三、浙江普陀山漂砾

浙江舟山群岛东侧的普陀山，是舟山群岛众多岛屿中的一个小岛，面积近 $13km^2$，与舟山群岛的沈家门隔海相望。普陀山的游览景点很多，主要有普济、法雨、慧济三大寺，这是现今保存的 20 多所寺庵中较大的。经过实地考察，普陀山发育多种类型的古冰川遗迹，见图 5-79 ～图 5-82。普陀山上的巨型漂砾杂乱无章地堆放在一起，多分布于丘顶。

图 5-79 浙江普陀山漂砾之一

图 5-80 浙江普陀山漂砾之二

图 5-81 浙江普陀山漂砾之三

图 5-82 浙江普陀山漂砾之四

四、浙江四明山漂砾

四明山位于浙江东部的宁绍地区，也称金钟山，有"第二庐山"之称。四明山地区多低山丘陵，山峰起伏，岗峦层叠，海拔为 600～900m，主峰金钟山海拔 1018m。鹁鸪岩洞（水帘洞）位于仰天湖景区，因洞旁谷中时有鹁鸪声声啼鸣而得名，岩洞上部为陡悬于山谷间的峭壁，洞顶一股飞瀑直流而下，飞珠溅玉，吐霓挂虹，落地汇成清澈没膝的水潭。四明山仰天湖林区的鹁鸪岩为第四纪冰川搬运的漂砾，见图 5-83。

图 5-83 浙江四明山鹁鸪岩

五、安徽安庆灵山漂砾

安徽安庆市杨桥镇龙山社区的"灵山石树"系象形而得名，树干树枝均由巨型花岗岩叠垒而成，纵观全貌，它像一棵参天大树耸立于灵山谷内，故名"灵山石树"，全长1500m。实际上，灵山巨石都是古冰川漂砾，有些非常大的漂砾不向低处移动，反而停留在一些丘顶上，见图5-84～图5-86。

图5-84　安徽安庆灵山石树漂砾之一　　　　　图5-85　安徽安庆灵山石树漂砾之二

图5-86　安徽安庆灵山石树漂砾之三

六、福建竹田岩漂砾

竹田岩位于福建长乐古槐镇竹田村天马山，又名"叠翠岩"，素以山石奇特、岩洞幽深闻名遐迩。那里巨石累累、横七竖八、杂乱无章，有的立于山岗，有的散落山前，有的位于丘坡，有的相互叠加，有的被埋于地层中，见图5-87～图5-89。

图5-87　福建竹田岩漂砾之一　　　　　　图5-88　福建竹田岩漂砾之二

图 5-89 福建竹田岩漂砾之三

七、福建灵石漂砾

灵石位于福建福清东张镇三星村西南，其间古木参天，郁郁葱葱。峭特的山势，形成各种自然胜景，著名的有九叠峰、留雪峰、报雨峰，其中九叠峰挺拔、峻峭，宛如一柄利剑，直刺云端。山上还有一块石头，传说能鸣，且久晴鸣必雨，久雨鸣必晴。

在通向灵石寺的林荫石道旁，有一块巨石，上刻"香石"二字。石的体积大如一间普通的房子，以手摸石，则香留手上，以鼻闻之，则清香扑鼻。虽历尽沧桑，而清香如故，灵石山也因此而得名。灵石附近的漂砾，见图 5-90、图 5-91。

图 5-90 福建福清灵石附近的漂砾

图 5-91 福建福清灵石附近的冰椅石

八、福建厦门漂砾

冰川漂砾是由冰川搬运到很远很高地方的巨大冰碛砾石。它的径长可达数米，甚至数十米，其搬运远近由冰川规模大小而定。冰川搬运能力很强，它不仅能将冰碛物搬运到很远的地方，还能将巨大的岩块搬到很高的地方。厦门存在许多巨大的漂砾，过去尚无文献描述，经实地考察，厦门大学大门旁的庙宇内就存放着许多巨型漂砾，见图 5-92 ～图 5-95。

图 5-92　福建厦门巨型漂砾之一

图 5-93　福建厦门巨型漂砾之二

图 5-94　福建厦门巨型漂砾之三

图 5-95　福建厦门巨型漂砾之四

九、海南岛东山岭、天涯海角漂砾

　　冰期时期海南岛和中国内陆连在一起，是大陆的南端。海南岛受到冷空气的影响，又因当地水分供应充分，有利于古冰川发育，留下了广为分布的古冰川遗迹，漂砾为古冰川遗迹类型之一，见图 5-96。此外，在海南岛天涯海角景区也发育大量的冰川漂砾，见图 5-97 ～图 5-98。

图 5-96　海南岛东山岭漂砾

图 5-97　海南岛天涯海角漂砾之一

图 5-98　海南岛天涯海角漂砾之二

十、湖南浏阳大围山漂砾

湖南浏阳大围山以七星峰为最高峰，海拔1608m，七星峰南北两侧为浏阳河的源头。大围山地质年代古老，第四纪冰川地质遗迹地貌明显且资源丰富，有冰斗、冰坎、刃脊、"U"型谷、冰溜面、冰川擦痕、冰川漂砾、冰臼等，类型多样，保存完整。第四纪冰川将风化形成的球状花岗岩石缓慢运移，使之漂至满山，形成了大小不等、形态各异的漂砾和漂砾群，如图5-99～图5-103所示。

图5-99　湖南浏阳大围山巨砾之一

图5-100　湖南浏阳大围山巨砾之二

图5-101　湖南浏阳大围山巨砾之三

图5-102　湖南浏阳大围山巨砾之四

图5-103　湖南浏阳大围山巨砾之五

十一、山西芦芽山漂砾

芦芽山系管涔山的主峰，位于山西宁武县，在距宁武县城西南30km处，属吕梁山脉，芦芽山地区古冰川遗迹非常发育，谷中有从异地被古冰川搬运而来的漂砾，见图5-104、图5-105。

图 5-104　山西芦芽山漂砾之一　　　　　　　　　图 5-105　山西芦芽山漂砾之二

十二、江苏孔望山漂砾

孔望山位于江苏连云港市海州古城城东，传说孔子曾登此山而望东海，故得名孔望山，成为中国文化史册上的千年奇山。石棚山位于海州古城的东部，山顶上有一块势如天外飞来的椭圆形巨石，由下面两三块石头将其托起，形成了一个石室，故曰石棚山。孔望山和石棚山都保存着漂砾型古冰川遗迹，见图5-106～图5-110。

图 5-106　江苏孔望山山脊上的漂砾之一　　　　　图 5-107　江苏孔望山山脊上的漂砾之二

图 5-108　江苏石棚山巨型漂砾之一　　　　　　　图 5-109　江苏石棚山巨型漂砾之二

图 5-110　江苏石棚山巨型漂砾之三

十三、山东泰山漂砾

调研发现，泰山的古冰川遗迹主要分布在泰山周围的低山谷地中，并以堆积地貌为主，其中最为突出的是在泰山东侧的冰坎、漂砾和厚层冰碛堆积，见图 5-111 和图 5-112。

图 5-111　山东泰山巨型漂砾之一

图 5-112　山东泰山巨型漂砾之二

十四、山东大青山漂砾

山东大青山位于日照五莲县城西南，景区内有为数众多的山峰、洞窟等多样景观，在此可以饱览高山峡谷、深潭草甸等多种自然风光。大青山发育着丰富的古冰川侵蚀和堆积地貌，图 5-113 为日照大青山冰碛垄上的漂砾。

图 5-113　山东大青山冰碛垄上的漂砾

十五、山东槎山海岸漂砾

槎山横卧于山东荣成南部的黄海之滨,距威海市区 100km,主峰海拔 539m,因峰连九顶,其色如黛,故著称"九顶铁槎山"。槎山海岸仍保存有巨型漂砾,漂砾顶部发育多个冰臼和侵蚀沟,见图 5-114,图 5-115 为槎山院夼村后的冰碛物。

图 5-114 山东槎山海岸上的漂砾

图 5-115 山东槎山院夼村后的冰碛物

十六、山东峄山漂砾

峄山又名邹峄山、邹山、东山,海拔 582.8m,是我国古代的九大历史文化名山之一,有"齐鲁名山归岱峄"的美誉。峄山冰川遗迹非常发育,冰碛物随处可见,图 5-116 为峄山典型的漂砾。

图 5-116 山东峄山漂砾

十七、山东五莲山漂砾

五莲山位于山东日照五莲县东南,距日照市区 25km。五莲山和九仙山以独特的中生代花岗岩为特色,发育多种类型的第四纪冰川遗迹,五莲山发育大量的冰川漂砾,见图 5-117 和图 5-118。

图 5-117　山东五莲山漂砾之一

图 5-118　山东五莲山漂砾之二

十八、山东招虎山漂砾

　　山东招虎山位于胶东半岛南部的海阳市，距海阳城区 8km，招虎山属崂山山系，主峰海拔 549.7m。该山的古冰川遗迹包括多种类型的侵蚀地貌和堆积地貌，图 5-119 ～ 图 5-122 为招虎山保存的巨型漂砾。

图 5-119　山东招虎山漂砾之一

图 5-120　山东招虎山漂砾之二

图 5-121　山东招虎山漂砾之三

图 5-122　山东招虎山漂砾之四

十九、山东崂山漂砾

　　崂山位于山东半岛南部的黄海之滨，临海而立，海岸线长 87.3km，形成了 13 个有名称的海湾，有大小岛屿 16 个。崂山山脉以崂顶为中心，向四方延伸，尤以西北、西南两个方向延伸较长，形成了巨峰、三标山、石门山和午山四条支脉，崂山的余脉沿东海岸向北至青岛市即墨区的东部，西抵胶州湾畔，西南方向的余脉则延伸到青岛市区，形成了市区的十余个山头和跌宕起伏的丘陵地形。经多年的调查，崂山曾多次被古冰川所覆盖，冰川消退后，留下多种古冰川侵蚀地貌和堆积地貌，可称为"低海拔型古冰川遗迹博物馆"，崂山发育的漂砾见图5-123～图5-131。

图 5-123　山东崂山东岸漂砾

图 5-124　山东崂山仰口漂砾

图 5-125　山东崂山棋盘石北侧的漂砾

图 5-126　山东崂山棋盘石附近的漂砾

图 5-127　山东崂山华严寺前的漂砾

图 5-128　山东崂山华楼山漂砾

图 5-129　山东崂山漂砾

图 5-130　山东崂山上清宫内漂砾

图 5-131　山东崂山扁平状漂砾

二十、广西元宝山漂砾

　　元宝山位于广西柳州融水苗族自治县，主峰海拔 2101m，为广西第三高峰。冰期时期的元宝山，恰好处在北冰洋寒冷气流向南扩散区，因此当地成为北半球中纬度地区最为寒冷的山区之一，寒冷的气候广西一带成为小冰原分布区，随着冰后期的来临，冰川融化，留下众多的漂砾，至今仍保存在山巅，供游人观赏，见图 5-132 ～图 5-135。

图 5-132　广西元宝山漂砾之一（摄影：郁良权）

图 5-133　广西元宝山漂砾之二

图 5-134　广西元宝山漂砾之三

图 5-135　广西元宝山漂砾之四

二十一、广西猫儿山漂砾

　　猫儿山位于广西桂林资源县中峰乡至兴安县华江瑶族乡，为华南第一高峰，是"山海经第一山"，最高峰神猫峰海拔 2141.5m，峰顶为一花岗岩巨石，形似卧猫，故称猫儿山。更新世期间，猫儿山多次处于北冰洋寒冷气流的扩散区，再加上海拔较高，曾多次出现小冰原环境，猫儿山、元宝山及广西的其他山体均被古冰川所覆盖，当冰川消退时，会把挟带的巨型漂砾遗弃在任何位置，所以猫儿山和元宝山同样随处都可找到巨型漂砾和漂砾群，猫儿山比较典型的漂砾见图 5-136 和图 5-137。

图 5-136　广西桂林猫儿山巨型漂砾之一

图 5-137　广西桂林猫儿山巨型漂砾之二

第六章

北半球第三冰原活动期的长江
——长条形冰湖

越来越多的证据证明：第四纪冰期时期的长江并不存在。在整个更新世期间，长江只不过是众多冰川融水的聚集区，长江三峡及其以上为大陆冰川活动区，长江中游的山地多为冰川活动区，如庐山、大别山、黄山、天柱山、大围山、天目山等都是山谷冰川活动区。冰期时期的固态降水多转化为冰川，少量冰川融水就形成了古湖，并不存在现今规模的长江。

下蜀土是"下蜀黄土"的简称，也曾有人称之为"下蜀黏土"，一般是指长江中下游地区晚更新世风成黄土，因最早在江苏句容市下蜀镇附近研究而得名。它分布在平原、丘陵和山地不同地貌部位上。南京一带的古湖岸黄土直接出露于地表，在江北大厂街道一带呈丘陵状。平原区黄土埋深较浅，在地表耕作土之下就能见到。镇江—句容以东和常州以西的低丘陵均为黄土所覆盖，而平原区的黄土则大多被全新世薄层沉积物覆盖。在宁镇一带，黄土分布很广，厚度大，除大河道或古冲沟外，几乎遍及全区。

长江在东部穿过了下蜀土分布区，随着时间的推移，下蜀土的高度也在不断升高，这就意味着古冰川融水湖也会不断扩展库容。即使是间冰期到来，古湖也能维持。这就很好地解释了，长江三角洲一带只有全新世以来形成的三角洲，而无更早的三角洲；长江三角洲地区只有全新世以来的海相地层，而非三角洲地区却有多次海侵形成的海、陆交替出现的地层。这就表明现代的长江三角洲地区曾为另一古湖——苏北古湖所占据。

第一节　长江概况

长江是亚洲第一大河，发源于青海唐古拉山主峰各拉丹冬雪山（海拔6621m）。它流经青海、四川、西藏、云南、重庆、湖北、湖南、江西、安徽、江苏、上海等省（区、市）。长江宜宾以上的许多地区海拔在6500m以上；长江宜宾以下地区以低海拔为主，这种低海拔地形非常有利于长江古湖的形成。

长江全长6300多千米，仅次于亚马孙河和尼罗河，是世界第三长河。流域面积超过180万km²。从西到东约3219km，由北至南约966km。流域平均年降水量在1000mm以上，因而水量非常充沛。每年流入东海的水量为1×10^{12}m³。一年中水量集中在夏季，其次是秋季。干流年径流量的变化很小，水量稳定。长江有雅砻江、岷江、沱江、嘉陵江、乌江、湘江、汉江、赣江、青弋江、黄浦江等重要支流。冰期时期，这些长江支流的上源多为冰川所占据，少量的冰川融水流入长江中游的湖泊中。

长江的北源沱沱河出自青海西南唐古拉山脉雪山，与长江南源当曲汇合后称通天河；南流到青海玉树巴塘河口以下至四川宜宾间称金沙江；宜宾以下始称长江，扬州以下旧称扬子江。

长江在湖北宜昌以上为上游，水急滩多；宜昌至江苏和安徽两省交界处为中游，曲流发达，多湖泊（鄱阳、洞庭两湖最大）；其余为下游，江宽，江口有冲积而成的崇明岛，见图6-1。

图6-1　长江流域图

中国大部分的淡水湖分布在长江中下游地区，面积较大的有鄱阳湖、洞庭湖、太湖、洪泽湖和巢湖。自镇江以下，折向东南，进入三角洲地区，地势平坦，湖泊星罗棋布，水道交织似网，一片水乡泽国景象。江口宽达80km，见图6-2。

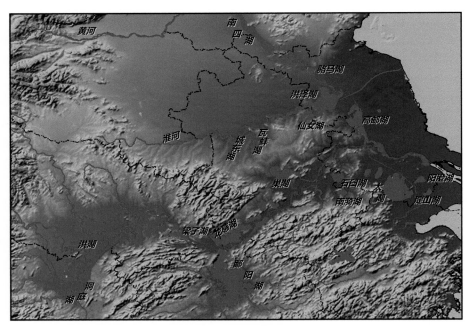

图 6-2　长江中下游湖泊群

　　长江和钱塘江在入海处冲积成的三角洲，包括上海和江苏东南部、浙江东北部，面积约 $4×10^4km^2$，三角洲顶点在镇江、扬州一线，北至小洋口，南临杭州湾。长江平均年输沙量为 $4×10^8 \sim 9×10^8t$，仅靠如此数量级的泥沙，在万年内不足以充填北到射阳河口、南到南汇一带的喇叭形巨型洼地，也不能提供黄海、东海内陆架的沉积物。长江的泥沙从哪里来的呢？笔者认为，主要是冰期时期形成的湖泥和湖沙的再搬运，使长江三角洲不断向前推进。

　　关于晚更新世末期长江三角洲位置的探索、冰期间冰期气候变化、第四纪以来的海侵与海退、海面变化与岸线变迁，特别是东海环境变化问题，多年来一直是国内外海洋地质关注的热点。由于研究者掌握的资料不同、研究方法各异，对长江何时流入东海外陆架存在争议。到目前为止，可以把过去的研究归纳为以下两种观点。

　　一种观点认为在古近纪以前长江就已存在。据研究，宜昌地区古近纪红色岩层主要分布在黄陵背斜南部边缘及宜昌以东地区。湖北西部第三纪地层主要为棕红色及灰白色砂砾岩，底部为山麓相堆积，上部为砂岩及泥灰岩等。湖北下始新统新沟嘴组顶部为玄武岩，据钾-氩法测定其年龄为距今 5200 万年。南京附近始新统张山集组主要由砖红色砂砾岩、砂质钙质泥岩等组成。由此可见，长江两岸新生代盆地中下第三纪地层主要由山麓洪积、河流、湖泊、三角洲及盐湖相组成，沉积环境复杂，表明当时地壳活动逐步由强转弱，气温暖湿与干燥交替。第三纪以后，长江古地理有较大波动。中新世晚期，世界很多地区发生较强烈的地壳运动。古长江的发育与盆地断陷格架大致受平行于两侧的活动断裂的影响。经过上新世晚期及更新世强烈的地壳运动，我国古地理环境大为改观，形成现在的地理格局。

　　另一种观点认为长江的最终形成与青藏高原隆起密切相关。由地质学的研究得知，华南板块与华北板块相撞导致秦岭山系的形成，构成了中国地形的初貌；印度板块与亚洲板块相撞引起了青藏高原的抬升，加大了中国东西向地形差异，为东西向大河流的出现提供了条件，最终导致现代长江的出现。

　　根据最新的资料，本书提出第三种观点：在地质历史的长河中，任何时期都可能存在河流活动，并留下其活动遗迹，但是它们不一定是古长江的前身，也许就是一般的流入古湖的河流。由现代的影像资料可知，长江中下游地区乃宽阔的断陷盆地，古老的湖岸非常宽阔平直，再加上两大湖盆（鄱阳湖和洞庭湖），可以容纳来自上源的冰川融水和泥沙。

　　从宏观来看，长江中下游地区在冰期时期只有两个大湖，其一为长江古湖（长江中游一带），其二为现已消亡的苏北古湖（主要在现今的长江三角洲地区）。进入最后冰期的冰消期以后，长江古湖的湖面增高，把位于湖体东端的、由下蜀土组成的大坝冲开，同时也把最东面的苏北古湖冲垮，形成大喇叭形海湾，为全新世长江三角洲的形成准备了条件。早期的湖盆沉积就成为全新世以来的长江三角洲的物源区，还有部分湖盆沉积已进入黄海、东海陆架，最先出现的湖泥沉积就成为沉积三角洲一带的硬黏土沉积。今日还能见到的湖口、彭泽一带的砂山乃古沉积湖的残留沉积。

第二节　江西湖口、彭泽一带的砂山

一、江西湖口、彭泽一带的环境背景

　　江西湖口县属北亚热带湿润性气候区，热量丰富，雨量充沛，四季分明；年平均气温 17.4℃，最冷月（1 月）平均气温 4.2℃，最热月（7 ～ 8 月）平均气温 28.8℃，有记载的极端最低温 −10.3℃、极端最高温 40.3℃；常年无霜期 258.8d；年平均降水量 1442.5mm。湖口县受寒潮和季风影响，灾害性天气主要有春季低温阴雨，春夏季暴雨，夏秋季干旱和干热风，冬季寒潮大风和冻害，其中暴雨与长江、鄱阳湖外涝引起的洪涝造成的危害最大。在三峡水库建成前统计，大水（水位年内变幅大于 30%）平均 8 年一遇，中水（水位变幅为 10% ～ 30%）平均 4 年一遇；历史最高水位 22.58m（1998 年 8 月 1 日），最低水位 5.9m（1963 年 2 月 6 日）。彭泽县位于江西最北部，长江中下游，九江市东北角上，地理坐标为（29°35′ ～ 30°06′N，116°22′ ～ 116°53′E）；县内以元古界地层为主；断裂方向以近东西向、北东向、西北向和近南北向为主，其中尤以北东向最为发育。

二、湖口、彭泽两县的砂山分布

　　湖口、彭泽两县的砂山主要分布于湖口县，全长约 26km，砂山分布基本上呈东北—西南方向，平行于长江的南岸，有些地段与基岩山地相间分布，砂山高度多为 50 ～ 70m，高度较大的地段，也是砂山分布范围最宽的地区，同时又是沿江基岩山地距江边距离较大的地区。例如，湖口县城东北边的柘矶砂山至金砂湾和彭泽县的芙蓉农场的砂山群，其宽度都达 3 ～ 4km，而红光农场附近的砂山分布范围只有 1 ～ 2km。

三、湖口、彭泽两县砂山的成因

　　湖口、彭泽两县砂山的成因主要有冬季风搬运说、河流搬运说、间歇性抬升说和残存湖底沉积说等。

（一）冬季风搬运说

　　长江中游南沿地带，特别是鄱阳湖滨湖地带，有一些主要由松散沙粒组成的岗岭和丘群，当地人及一些学者称之为砂山。20 世纪 50 年代至今，多位学者对鄱阳湖地区的砂山进行了研究，已有研究表明，鄱阳湖湖滨砂山是晚更新世末次冰期特定气候条件下冬季风活动所产生的风成沙丘堆积体。

（二）河流搬运说

　　景存义、邱淑彰（1980）认为：砂山是江西北部沿江、沿鄱阳湖分布的一种丘陵，就成因而言，它是风力所成还是水力所成或者是其他什么作用力所形成，目前看法还很不一致。

　　从湖口、彭泽附近砂山的矿物成分来看，初步分析结果为：主要组成矿物有石英 73.5%、长石 24.5%、云母 1.5%，其他矿物组成基本上与赣江等河流入鄱阳湖河口附近所采砂样分析结果相对应（表 6-1），为长石、石英。

表 6-1　湖口、彭泽附近砂样的组成　　　　　　　　　　　（单位：%）

地点		现代赣江南（支）	都昌县老爷庙砂场	湖口县柘矶砂场	彭泽县红光砂厂
主要矿物成分	石英	66.0	69.6	71.6	73.5
	长石	30.1	28.6	28.3	24.5
	云母	3.3	0.9	1.7	1.5

赣江是江西最大的河流，是长江下游重要支流之一，位于长江以南、南岭以北。西源章水出自广东毗连江西南部的大庾岭，东源贡水出自江西赣州石城县的赣源崇，在赣州汇合后称赣江。北流经吉安、樟树市、丰城到南昌注入鄱阳湖，后汇入长江，长 758km，流域面积 81 600km²。中上游多礁石险滩，水流湍急；下游江面宽阔，多沙洲；主要支流有信江、锦江等。赣江流域多花岗岩，其风化产物多进入鄱阳湖区，赣江流域是湖区重要的沙源，流水堆积是砂山形成的重要原因。

（三）间歇性抬升说

景存义、邱淑彰（1980）还提出间歇性抬升说，他们认为：在湖口、彭泽地区砂山形成的因素中，新构造运动和风力作用应为主要动力。若仅只是流水的堆积，那堆积的最大高度只能在该区历史上最大洪水位附近（1954 年洪水位 22m），就是冰后期最大海侵影响江水位抬升也不会超过 30m，而现沿江的砂山最低的还高出现江面（平均水位 16.2m）30m 以上，就是红光砂厂现挖砂的剖面顶部，也高出现江面约 50m。该区比较高的砂山，其相对高度达 70～110m，砂层中还夹有淤泥层等，在沿江及沿鄱阳湖边砂山分布区易于发现。所有这些现象，都有新构造运动间歇性抬升的结果，不是仅仅流水作用所能造成的。

（四）残存湖底沉积说

冰期时期长江的上游及其两岸山地均为冰川活动区，夏季的冰川融水可直接流入就近的湖内，冬季的湖水普遍结冰，而汇合成为长江中游的巨型冰湖，被称为长江古湖。那时的冰川融水水量都非常少，长江古湖足以起着调节作用（何况过去的湖泊尚未被充填，有较现在更大的容积）。来自庐山的冰川可到达鄱阳湖一带，冰川融水可直接进入湖中，见图 6-3 和图 6-4。它们是庐山古冰川舌的前缘，并直接进入鄱阳湖中。

图 6-3　鄱阳湖冰碛丘陵剖面之一

图 6-4　鄱阳湖冰碛丘陵剖面之二

四、湖口一带地质剖面的沉积年代

据于玲玲等（2010）的研究：红光老房子剖面位于红光村后（29°50′29″N，116°23′56″E）；小学剖面位于（29°56′24″N，116°23′36″E）；沙场剖面位于（29°50′30″N，116°23′5″E）。他们的测量数据见图 6-5。

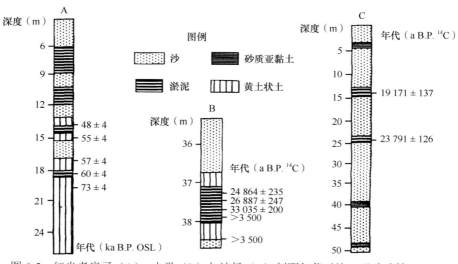

图 6-5　红光老房子（A）、小学（B）与沙场（C）剖面年代对比（于玲玲等，2010）

　　从测量的数据来看，当地出露地层的年代属于最后冰期，特别是 B 剖面的一组测年数据，和渤海湾西岸的献县海侵的年代相当，也就是说，当献县海侵发生时，长江中游一带仍然为长江古湖发育时期，这与长江三角洲一带不存在献县海侵时期的沉积也是非常一致的。由于冰期时期的湖面会发生升降变动，因此沉积相在不大的范围内也会发生变化。

五、长江古湖的变动

　　更新世期间的风成黄土，也可以到达长江中、下游地区，当它落入丘陵地区时，就构成了下蜀土沉积；当它落入长江古湖时，就成为湖泥，这种湖泥就是后来长江三角洲一带硬黏土形成的物源。从挖开的砂山剖面来看，沙层与湖泥呈交替出现的关系，记录了冰期、间冰期期间沉积环境的变化。现代长江三角洲一带是位于长江流域最东面苏北古湖的位置，它是低海拔型的平原湖。直到最后冰期的冰消期，也就是在距今 12 000 年前后，江水才决堤而出，形成了年轻的长江。由此可见，长江三角洲只能是年轻的三角洲。年轻的长江出现，就意味着长江古湖的消亡。

　　当新形成的长江出现时，它要冲破自然形成的大坝——下蜀土。该坝的位置，应当在现今的南京北部泰山新村一带。至今那一带的下蜀土还保持着东西向的沉积格局，这种东西向的排列方式，不是下蜀土形成时的记录，而是被长江古湖水冲蚀所致。决堤事件发生以后，原先的湖底沉积在过去的万年中，不断地受到冲蚀，被冲走的湖底沉积就成为年轻长江三角洲形成的物质来源，也是部分黄海、东海陆架沉积的物源。

第三节　彭泽砂山的沉积结构

　　从挖开的剖面来看，所有砂山都具有水平层理，无论是沙层还是黏土层都具有水平地向远处延伸的特征，这种大规模的沉积不能用风吹而生来解释，见图 6-6～图 6-22。可惜的是，随着社会的发展，当地正在施工开挖，过去的研究剖面已经不复存在，本书所得到的图片，是在当地开挖时获得的，晚更新世时期形成的、也是残存的湖泥，几乎是可求而不可得的遗存了。

　　从图 6-23 可以看出，当地的沉积环境曾发生明显的变化，黑灰色沉积变为黄色沉积。这种现象是否代表冰期、间冰期气候的交替，尚值得进一步研究。若仔细观察，可发现沉积地层带有明显的水平层理，表明它们的沉积与冰湖环境有关，而与风力活动关系不明显。经室内分析，它们不含微体生物化石，代表着寒冷、低温水体环境所形成的沉积物。

图 6-6 彭泽湖泥沉积剖面之一

图 6-7 彭泽湖泥沉积剖面之二

图 6-8 彭泽厚层湖泥沉积剖面之一

图 6-9 彭泽厚层湖泥沉积剖面之二

图 6-10 彭泽一带的砂山（远景）

图 6-11 彭泽太子村具有水平层理的湖砂沉积剖面

图 6-12 彭泽太子村湖泥沉积剖面（远景）

图 6-13 彭泽太子村湖泥沉积剖面（近景）

图 6-14　彭泽太子村湖砂与湖泥交替剖面

图 6-15　彭泽太子村湖砂沉积剖面

图 6-16　彭泽太子村湖泥沉积剖面之一

图 6-17　彭泽太子村湖泥沉积剖面之二

图 6-18　彭泽太子村湖泥沉积剖面之三

图 6-19　彭泽太子村湖泥沉积剖面之四

图 6-20　彭泽太子村湖泥沉积剖面之五

图 6-21　彭泽太子村湖泥沉积剖面之六

图 6-22　彭泽太子村湖泥沉积剖面之七

图 6-23　彭泽带有明显水平层理的厚层湖泥沉积剖面

从上述图片所展示的沉积特征来看，彭泽一带不具备风成沙丘的沉积特征。过去的研究多认为是风成沙丘，也许是过去沙地长满植被，不能见到全貌所致。

第四节　石钟山

石钟山，素有"中国千古奇音第一山"之称，位于江西九江市湖口县城区，在长江与鄱阳湖交汇处。石钟山因山石多隙，水石相搏，击出如钟鸣之声而得名。北宋文学家苏轼曾夜泊山下，并撰写闻名天下的《石钟山记》。自古以来，文人雅士络绎不绝，来此山赏景，如唐朝李勃、宋朝苏轼和陆游、元朝文天祥、明朝朱元璋、清朝曾国藩等，郭沫若留诗《登湖口石钟山》于此。石钟山从唐朝起就有建筑，经历代兴废，现仍存怀苏亭、半山亭、绀园、船厅、江天一览亭、钟石、极慈禅林、听涛眺雨轩、芸芍斋、石钟洞、同根树等景点，但多为清朝重建。江西湖口石钟山远景见图 6-24。

图 6-24　江西湖口石钟山

全山分上下两部分，面南临湖的是上石钟山，靠北濒江的是下石钟山。两山总面积有 10 万 m^2，海拔 67.7m。山虽不高，但悬崖峻拔，气势不凡。

从地质学的观点来看，石钟山是被长江古湖淹没过的湖底礁石。从顶部到江边都是喀斯特地貌，溶蚀现象非常明显，见图 6-25 ～图 6-28。从三峡大坝附近的江底露出来的岩石，有与之非常接近的地貌特征。从石钟山的海拔来看，其与彭泽砂山的高度接近，由此可以推算出冰期时期的湖面在海拔 80m 附近。长江三峡附近喀斯特地貌见图 6-29 ～图 6-31。

图 6-25　江西石钟山喀斯特地貌之一

图 6-26　江西石钟山喀斯特地貌之二

图 6-27　江西石钟山喀斯特地貌之三

图 6-28　江西石钟山喀斯特地貌之四

图 6-29　长江三峡附近喀斯特地貌之一

图 6-30　长江三峡附近喀斯特地貌之二

图 6-31　长江三峡附近喀斯特地貌之三

第五节　鄱阳湖

鄱阳湖是中国第一大淡水湖，位于（28°22′～29°45′N，115°47′～116°45′E），地处江西北部、长江中下游南岸，距南昌市东北部 50km。鄱阳湖上承赣、抚、信、饶、修五河（江）之水，下接我国第一大河——长江。在正常的水位情况下，鄱阳湖面积为 3914km²，容积达 300×10⁸m³。它每年流入长江的水量超过黄、淮、海三河水量的总和。鄱阳湖以松门山岛为界，分为南北两部分，北面为入江水道，长 40km，宽 3～5km，最窄处约 2.8km；南面为主湖体，长 133km，最宽处达 74km。鄱阳湖多年平均水位为 12.86m，最高水位为 1998 年 7 月 31 日的 22.59m，最低水位为 1963 年 2 月 6 日的 5.90m（湖口水文站，吴淞基面），年内水位变幅为 9.79～15.36m，绝对水位变幅达 16.69m。随水量变化，鄱阳湖水位升降幅度较大，具有天然调蓄洪的功能。由于水位变幅大，因此湖泊面积变化也大。汛期水位上升，湖面陡增，水面辽阔；枯期水位下降，洲滩裸露，水流归槽，湖面仅剩几条蜿蜒曲折的水道。鄱阳湖具有"枯水一线，洪水一片"的自然景观。鄱阳湖砂山由都昌县老爷庙、中部沿湖口——星子水道两侧、松门山岛三部分组成。

一、都昌县老爷庙

九江市都昌县老爷庙地处多宝乡，濒临鄱阳湖，与庐山市隔河相望，南北绵延数百里，面积达 36 000 多亩[①]，均被黄沙所覆盖，是江南最大的砂山。另外，素有鄱阳湖"百慕大"之称的都昌县老爷庙位于多宝乡龙头山首，而砂山正处在老爷庙水域。砂山平均海拔 13.25m。在都昌县多宝乡鄱阳湖周边砂山开展"保护母亲湖工程——都昌县砂山治理项目"，整个项目基地全部栽种湿地松，在一年时间内完成"岛津中国友谊林"的 500 亩砂山治理任务，从而保护鄱阳湖湿地、营造更适合候鸟繁衍生息的优良生存环境，见图 6-32～图 6-38。

图 6-32　江西岛津中国友谊林砂山

图 6-33　江西岛津中国友谊林地貌景观

图 6-34　江西岛津中国友谊林具有水平层理的沙丘

图 6-35　江西岛津中国友谊林沙丘中的水平层理

---

① 1 亩 =1/15hm²=10 000/15m² ≈ 666.7m²。

图 6-36　江西岛津中国友谊林挖开的沙丘

图 6-37　江西鄱阳湖砂山中的水平层理

图 6-38　江西鄱阳湖具有水平层理的砂山

二、中部沿湖口——星子水道两侧

星子水道两侧和南缘分布有庐山市沙岭、都昌县老爷庙、永修县松门山岛和吉山等规模较大的砂山群，见图 6-39 ～图 6-42。

图 6-39　江西都昌县老爷庙砂山剖面之一

图 6-40　江西都昌县老爷庙砂山剖面之二

图 6-41 江西都昌县老爷庙砂山剖面之三

图 6-42 江西都昌县老爷庙砂山剖面之四

三、松门山岛

烟波浩渺的鄱阳湖中有大大小小的岛屿 40 多个，松门山岛是其中较大的一个岛屿。松门山岛隶属永修县吴城镇，离都昌县仅半个小时的水程。松门山岛海拔 90.9m，最低点 16.5m，一般海拔 30m。

鄱阳湖有两处独特地貌，吉山和松门山岛相互毗邻、东西相连，各近 10km² 的水中砂山像一条盘旋的巨龙，将烟波浩渺的鄱阳湖分为南北两部分。

鄱阳湖砂山一带的地壳回弹问题，是今后值得研究的问题，因为这些砂山的附近曾是冰川活动区，是否冰川消退以后地壳发生回弹使那里的砂山高度远高于古长江湖沉积物的高度？这一问题值得进一步研究。

第六节　洞庭湖

洞庭湖古称"云梦"，是中国第二大淡水湖，面积约 2820km²，古代曾号称"八百里洞庭"。洞庭湖之名，始于春秋、战国时期，因湖中有洞庭山（即今君山）而得名，并沿用至今。

历史上，洞庭湖曾是中国第一大淡水湖。由于近代的围湖造田，以及自然的泥沙淤积，洞庭湖面积由清顺治年间到清道光年间汛期的约 6000km² 骤减到 1998 年的 2820km²。

一、湖盆的形成

洞庭湖区在中生代的燕山运动中形成了大小不一的盆地，西北部海陆交替沉降，东南部则长期隆起，喜马拉雅运动使第三纪岩层发生断裂、拗陷，盆地扩大。此时，湘江、资江、沅江、澧水四水形成，流注湖盆，形成湖泊群。

二、湖盆的扩大

在早更新世至中更新世，湖盆区域的地壳运动以下降为主，湖盆扩大，但湖水不深，属断陷式浅水型湖泊。公元 450 ～ 524 年，荆江太平、调弦两口溃决，长江水进入洞庭湖平原，开始干扰洞庭湖水系，迫使洞庭湖与青草湖相连，湖泊扩大到 500 里。唐宋时期，随着荆江北岸"云梦泽"的消亡，洞庭湖继续扩大，南连青草湖后，又西吞赤沙湖（今南县附近），横亘七八百里，成为汪洋浩渺的"八百里洞庭"。

三、湖盆的衰退

1852 年起，随着藕池、松滋两口的出现，荆江四口分流局面形成。约占荆江 45% 的泥沙经由四口排入洞庭湖，加速了洞庭湖的淤积，人工围垦日盛，湖盆开始逐渐萎缩。先秦两汉时期，洞庭湖又称"九江"，它汇合了湘江、资江、沅江、澧水四水及荆江的分流洪水，向北流入长江，当时江水能到达澧水下游并过九江，即分流通过洞庭湖，而荆江南岸至澧水下游的地势北高南低（这与现在的情形正好相反）。由于荆江

上游的长江流域及四水流域人口稀少，开发程度低，原始森林保存尚较完好，水土流失情况极为轻微，因此，洞庭湖虽然接纳四水与荆江的分流洪水，但入湖泥沙很少，水流清澈。据历史资料测算，当时的湖泊面积达 6000km² 以上。湖面降低后，湖底沉积的沙体出露。

第七节　江汉平原

江汉平原，位于湖北中南部，由长江与汉江冲积而成，是中国海拔最低的平原之一，平均只有 27m 左右；西起宜昌枝江市，东迄中部最大城市武汉，北至荆门钟祥市，南与洞庭湖平原相连；地理坐标为（29°26′～31°10′N，111°45′～114°16′E），面积达 4 万余平方千米；物产丰富，是湖北乃至全国重要的粮食产区和农产品生产基地，素有"鱼米之乡"之称。江汉平原位于长江中游，河流纵横交错，湖泊星罗棋布，与洞庭湖平原合称两湖平原。

平原主属扬子地台江汉断拗，地势低平，除边缘分布有海拔约 50m 的平缓岗地和百余米的低丘外，海拔均在 35m 以下；大体由西北向东南微倾，西北部海拔 35m 左右，东南降至 5m 以下，汉口仅 3m。第三纪红层仅于平原边缘地区出露。

江汉平原大小湖泊有 300 多个，重要的有洪湖、汈汊湖、长湖、排湖、大同湖、大沙湖等。湖泊一般底平水浅，既是淡水养殖业的基地，又能调蓄江河水量，减轻平原旱涝灾害。

江汉油田地处江汉平原，本部设在湖北潜江市的广华，北临汉水，南依长江，东距武汉 150km，西距荆州 60km，地理位置优越，交通条件便利。江汉油田的发现和开采从另一角度也表明，长江中游地区至少在第三纪就已经为湖泊活动中心。所以长江古湖应当是继承性的湖泊，最后冰消期的到来，湖水方才决堤而出，逐渐形成现代的长江三角洲沉积体系。

第七章

北半球第三冰原活动期的冰缘环境

第一节　国内外关于冰缘环境的研究

一、国外关于冰缘环境的研究

"冰缘"原意为冰川边缘地区，一般指未被冰川覆盖的气候严寒地区，或者说冰川分布区的外围一带，相当于冻土分布区。部分季节冻土区也发育冰缘地貌。

1919 年 Leffingwell 对美国阿拉斯加北部的冰楔进行了研究。1962 年 Lachenbruch 针对冰楔成因提出了热力膨胀说。1997 年 West 指出，化石冰楔在气候地层学中具有重要意义，它是古冻土存在的指示器。所以，本次化石冰楔的发现反映了成都平原在第四纪曾发育多年冻土。

1815 年 Adams 首先在西伯利亚发现了冰楔（李勇等，2002）；1889 年 Jensen 对格陵兰岛西部的风成沙进行了最初的记述；Spurr 于 1898 年对阿拉斯加风成黄土进行了考察，但未能提出对冰缘地貌的研究。直到 1909 年，波兰地质学家 Lozinski 才首次提出"冰缘"这个名词，认识到冰缘现象对于古气候的研究具有指示意义，并把发生冰缘作用的地区限定在：①邻近第四纪冰川的边缘地区；②具有冰川边缘地区气候条件的地区。值得一提的是，1914 年 Tarr 等在阿拉斯加库珀河（Cooper River）三角洲地区肯定了冰缘沙丘的存在；1919 年 Leffingwell 又在阿拉斯加北部找到了冰楔构造；1945 年 Chepil 分析了冰缘飘沙的形成机制。总而言之，自 20 世纪 40 年代以后，欧美各国尤其是欧洲冰缘学科发展已相当成熟，主要利用冰楔和冰卷泥等冰缘地貌，重建欧洲冻土南界和相应的气候环境（如恢复当时的年均温及降水情况），使冰缘地貌发展成为重建晚更新世古环境的重要手段之一。美国冰缘地貌和第四纪地质学家 Washburn（1979）曾经指出，冰缘地貌的研究目的有三：其一为确定冰缘过程的机制；其二是确定冰缘过程的环境特征；其三是根据所获信息重建第四纪环境。近几十年来，冰缘现象和冰缘与环境之间关系的研究在欧洲和北美得到广泛开展并应用于实际工作。

二、国内关于冰缘环境的研究

国内也有许多研究者对冰缘地貌进行了探查，例如，Huang 和 Hsu（1936）认为，钱塘江北岸从五云山至江边有几级显著的剥蚀面及沉积面，分别高出钱塘江水面 280m、190m、130m、80m、40m、20m，在 80m 面上覆盖有薄层第四纪冻融岩屑，40m 面上沉积较厚，大部为第四纪的冻融泥流堆积。另外，裴文中（1956，1957）曾报道过哈尔滨和内蒙古扎赉诺尔的冰滑现象。

从 20 世纪 80 年代开始，冰缘现象受到广泛的关注，东北、华北和青藏高原冰缘现象的报道与相关研究逐渐增多。例如，杨景春等（1983）对山西大同的冰缘地貌进行了系统的研究；徐叔鹰等（1984）对共和盆地晚更新世冰缘风沙沉积与环境的关系进行了分析；董光荣等（1985）对内蒙古鄂尔多斯高原南部的冰缘地貌进行过深入的探索；杨怀仁等（1985）认为，冰缘地貌的南界出现在浙江的钱塘江一带；董光荣等（1988）对毛乌素沙漠晚更新世冰缘风沙沉积与环境做了新的分析与研究等。近年来，在山西大同、内蒙古鄂尔多斯、成都平原等地发现了大量的冰楔、砂楔地貌（李勇等，2002；崔之久和谢又予，1984；崔之久和宋长青，1992；崔之久和杨健夫，1999；崔之久等，2002，2004），并取得了一系列新的认识。

海退后的陆架，在古寒潮的不断吹蚀之下也有可能出现冰缘气候作用下的冰缘地貌。这种冰缘地貌又被全新世海侵以来的沉积物和海水所覆盖，难以进行直接观察，这是陆架冰缘地貌长期无人问津的原因。近二十年来，在海洋地质的调查中，运用浅地层剖面仪测量，在黄海、东海海底也发现了古冰缘地貌（于洪军等，2002）。因此，对冰缘地貌作为第四纪冰川作用的同期或准同期出现的现象应加强研究，使对陆架古环境的研究达到新的研究水平。毫无疑问，开展陆架冰缘环境的调查与研究，对阐明中国陆架环境的变迁过程，不仅具有重要的科学价值，还拥有广泛的应用前景。

总而言之，随着现代冰川学的发展和古冰川地质资料的积累，到 20 世纪初，地质学家已发现冰冻作用也是地貌营力之一。在进行冰川地质研究的同时也发现了冻融泥流现象。从百年后的今日来看，对古冰缘地貌的研究，对于探索与查明古冰川的分布范围也有十分重要的参考价值，而如今在浙江舟山群岛的普陀山上就找到许多冰臼、巨型漂砾群堆积于山巅，还有许多磨光面，这些都是当地存在古冰川遗迹的证据，两者的相互配合可以为确定陆架环境的演变过程提供重要的科学依据。由此可见，中国东部低山丘陵区不仅存在冰缘地貌，还有可能存在更为广泛的冰川遗迹。无论是被冰川覆盖的地区还是距离冰川活动较远的地区，都会有冰缘气候地貌或冰缘地貌的遗迹。

第二节 冰期时期陆架环境研究

最后冰期时期在北半球出现了三个巨大的冰原，分别占据着北美洲、欧亚大陆北部和中国的大部分地区。三大冰原的形成，致使海水体积大为减少，海洋水体失去了平衡。三大冰原储存了大量的淡水，不再回归海洋，引起海面大幅度降低，使陆架的浅水部分出露为陆。

对中国来说，第二冰原的出现，改变了原先寒潮入侵中国的路径。冰期时期的寒冷气流，只能从 120°E 附近南下，给中国东部带来北冰洋的低温气流，再与来自印度洋、南海暖流和黑潮的水汽相遇，终于形成了大面积的固态降水区，导致了中国东部低海拔冰原的形成。据国内外地质学家的调查与研究，当冰期气候来临时，特别是从距今 23 000 年开始，全球环境逐渐进入最后冰期最盛时期，在北半球出现了三个巨大的冰原，占据着北美洲、欧亚大陆北部和中国的大部分地区（中国的青藏高原和东部的低山丘陵区，那里也曾经是古冰川活动区，许多山地曾被古冰川所覆盖，总面积在 $500 \times 10^4 km^2$ 以上），巨大的第三冰原，曾对全球海面下降做出过"贡献"，而这种贡献在所谓的争议中被忽视了。由松散沉积物组成的海底，被晒干以后，或者说被吹干以后，在古风暴的不断吹扬之下，就会发生变化。原先的海底砂或黏土，就会被搬运而离开原先的位置，于是就产生了沉积分异作用，细粒物质被带走，而留下较粗的砂粒，其结果是原先的海底沉积区变得越来越粗，于是大面积沙海就形成了；有些地方还形成了沙丘或沙丘群，这就是出露海底的沙漠化过程，也就是陆架沙漠化过程。那些被吹走的细粒物质在下风头，位于南京一带的下蜀黄土的形成，就与陆架环境的变动有关。从全球的情况来看，冰期海退时期存在大面积陆架沙漠地区，如非洲西海岸以西的海底、欧洲的北海陆架区、阿拉伯半岛附近的海底、澳大利亚东部和西部的陆架区、南美洲的西部陆架、印度西部的海岸及其陆架、美国东西海岸、渤海、黄海、东海和南海陆架的出露部分等。这些分析在海底钻探和浅地层剖面仪测量的记录中得到了证明。

一、海底钻探

在众多的钻孔中发现，晚更新世末期的地层主要由砂质沉积所组成。假如把黄海、渤海、东海陆架及其邻近地区的钻孔资料集中起来，就可以发现，全新世海侵沉积以下往往为薄层泥炭沉积，再往下便为砂质沉积，这是比较普遍的现象。例如，长江水下三角洲地区的 Ch1 孔，0～36m 为全新世海侵沉积，从孔深 36m 以下至孔深 60m 处，全部由黄色粉砂所组成；Ch2 孔，0～47m 为全新世海侵沉积，47m 以下同样为砂质沉积，直到 63m 尚未见底；Ch3 孔，0～33m 为全新世海侵沉积，33m 以下为黄色粉砂沉积；Ch4 孔，0～41.6m 为全新世海侵沉积，41.6～88.9m 为细沙沉积；Ch5 孔，0～28.92m 为全新世海侵沉积，28.92m 以下到 53.7m 为黄色细沙沉积（表 7-1）。渤海海域内，共有 13 个钻孔，也普遍存在这种现象，24～30 孔岩芯揭示的海底埋藏性黄土见图 7-1。渤海全新世海侵沉积以下各孔沙层埋藏深度列于表 7-2。来自黄海海域的若干浅孔也存在类似的沉积结构。这些现象表明，在全新世海侵以前，黄海、渤海和东海陆架普遍为砂质沉积区。

表 7-1 长江三角洲地区钻孔、水深、孔深与位置

孔号	水深（m）	位置	孔深（m）
Ch1	24	31°10′N，122°34′E	99
Ch2	13.4	31°31′N，122°10′E	63

续表

孔号	水深（m）	位置	孔深（m）
Ch3	21	31°31′N，122°36′E	39
Ch4	+2*	崇明岛南门港旧电厂院内	286.87
Ch5	2	南汇朝阳农场一机队	272.85
Dc1	28	29°40′N，122°30′E	26.9
Dc2	28	29°31′N，122°29′E	91.5

*：此处表示为水面之上 2m

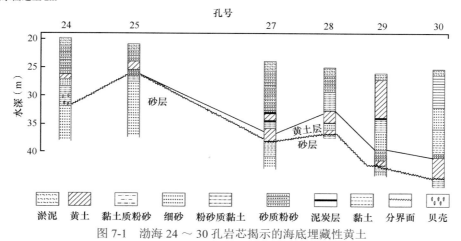

图 7-1　渤海 24 ～ 30 孔岩芯揭示的海底埋藏性黄土

表 7-2　渤海海底钻孔位置与取样情况

位置	孔号	水深（m）	岩芯长度（m）	沙层埋藏深度（m）
38°35′N，118°45′E	24	21.5	18	−11.4
38°32′N，118°58′E	25	23	15.3	−5.5
38°26′N，119°26′E	27	25	17.5	−13.5
38°25′N，119°04′E	28	26	12.2	−11.6
38°23′N，119°47′E	29	27	16.5	−9.3
38°21′N，120°00′E	30	27	20	−4.4
38°31′N，119°39′E	37	29	11	−6
38°37′N，119°05′E	38	27	14	−7.3
38°35′N，120°00′E	39	27	17.5	−16.3
38°32′N，119°35′E	40	27	17.4	−11
38°35′N，119°05′E	41	27.5	17.5	−9.7
38°27′N，120°03′E	42	27	17.1	−11
38°45′N，118°00′E	海二	15	15.8	−10.7

资料来源：中国科学院海洋研究所海洋地质室，1985

　　（1）长江与黄河都未能入海。最后冰期时期，长江处于冰湖时期，沿途所有山地发育冰川；黄河在壶口附近为壶口冰川所占据。黄土和下蜀土在冰川区，构成冰缘环境沉积体。

　　（2）海退后的陆架为古风暴活动区，出现大面积沙漠；部分地区形成特有的沙漠 - 黄土堆积群。

　　（3）寒冷的气流通过陆架区，可以直达南海陆架出露区。

　　（4）冷气流与黑潮、南海暖流相遇，在我国南方形成广泛的古冰川分布区。

　　（5）喜冷动物群在陆架上到处游弋。

二、浅地层剖面仪测量

浅地层剖面仪测量技术在陆架上的应用，可以展示陆架区多种埋藏沙丘的内部结构。布置大面积的海上测线就可以了解多种地貌体在空间的分布和时间上的变化规律。过去通过钻孔的方法，研究者只能知道沙层的埋藏深度；而采用地球物理方法，就可以知道砂质地貌体的形态、特征、分布、走向等。

在海退后的陆架沙海上，风暴活动是当时沙海上的主要动力，形成了众多的沙丘群分布区，如渤海北部的昌黎沙丘群、辽东半岛南端西侧沙丘群、北黄海东侧西朝鲜湾沙丘群、南黄海西侧（苏北古湖）的堤外沙丘群、东海中部沙丘群等。凡是位置较低，能被全新世海侵淹没的沙丘群，都转变为潮流沙脊；而未被海水淹没的，仍然为高大的海岸沙丘。

寒冷的冰期气候、恶劣的气候条件、长期的风暴活动、降低了的海面、日益扩展的冰川、漫无边际的冰缘环境、逐渐逃奔的动物群、日渐增多的沙丘与沙海、稀疏的植被，以及缺水、干涸、多风的荒漠，是那时陆架景观的写照。也就是说，海退之地变成具有数千千米长的、近于南北向的沙漠景观了。在那样的环境背景下，动物群迁徙他处或已经绝迹，再也没有鸟叫虫鸣、动物奔驰、植被繁茂的景象；常年的风暴、飞沙走石、冰冻寒冷，已进入非常不利于人类生存的环境，山顶洞人也随之迁徙，周口店一带成为山顶洞人遗留下来的故居。

（一）部分海底出露成陆

距今 3.9 万～2.3 万年的海侵结束以后，全球环境逐渐进入最后冰期最盛时期。大约在距今 1.8 万年时，东海海面下降到海拔 130m 以下，渤海、黄海海底全部出露，东海海底的大部分也转化为陆地。海退的初期，出露的海底基本上保持着原始的堆积形态，风蚀作用不明显，地面平整，献县海侵时发育的海相地层基本上得以保存；在地面上偶尔出现小型风蚀沟谷，或者因干旱形成的干裂裂隙，原始沉积形态未发生明显的变化，这一时期比较短暂。

（二）埋藏风蚀台地

随着时间的推移，以及风暴活动的进一步增强，陆架上干旱化程度越来越强，原先的海相地层部分发生解体。这是因为由松散沉积物组成的海相地层，极易被风力所搬运、侵蚀和再沉积；未被蚀掉的部分残留下来，而成为不同形态的台地、风蚀沟谷及小型风蚀洼地等地貌。风蚀台地可以成群出现，一个接着一个，表明风蚀作用在不断加强，标志着陆架环境逐渐向干旱化、沙漠化方向发展。在浅地层的记录中，显示为台地型的剖面和其他地貌形态的剖面，见图 7-2。

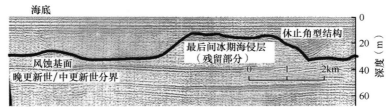

图 7-2 陆架隐藏风蚀台地

（三）显现风蚀洼地

实际上，在这一时期是海相地层的解体，许多部位仅残存部分海相地层，见图 7-3，该图的左边为残存的海相地层，右边的海相地层已发生过解体，从浅地层剖面仪的测量记录可见到杂乱无章的堆积层。冰期气候环境的进一步恶化，风蚀作用的持续发展，使若干风蚀台地消失，形成更深的风蚀沟谷及风蚀洼地，许多规模不大的风蚀洼地彼此相连，形成大面积分布的巨型风蚀洼地，见图 7-4。十分明显，风蚀洼地的底部必然出现风蚀界面等一系列地貌形态。在这种情况下，风蚀洼地内由于高程的降低又容易为风积物所占据，因此在风蚀洼地上往往又发育了厚层的混杂堆积，以及多种类型的风成沉积。进入第三阶段的显著特点是风蚀台地的消失。图 7-5 为残存的海相地层，图中棕黄色平行线条为残存海相地层，其他部位为杂乱无章的砂质堆积。

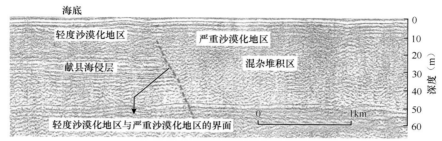

图 7-3　陆架残存的海相地层

左边为残存的海相地层，右边为已发生过解体的海相地层

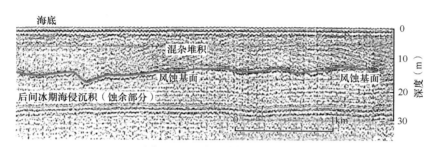

图 7-4　风蚀洼地的埋藏地面

风蚀台地消失后的情景，古地面比较平坦

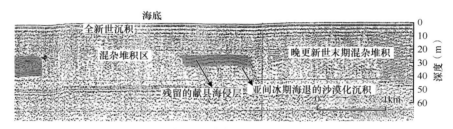

图 7-5　残存的海相地层

图中的棕黄色平行线条，代表残存的海相地层

（四）呈现海底沙漠

风暴活动的进一步发展，使解体了的海相地层的范围不断扩展，沙漠范围得以不断加大，整个海底出现干燥化、沙漠化环境，衍生沉积（黄土沉积）不断加厚。海底出现沙丘、沙丘群、片状沙等风积地貌类型。在部分地区出现典型的沙丘，沙丘分布区的外围形成黄土堆积。根据渤海海域 3000 多千米长的浅地层剖面记录而编制的晚更新世末期渤海海底沙漠与黄土的分布见图 7-6；图 7-7～图 7-9 为南黄海海底的典型沙丘（浅地层剖面仪测量记录）。休止角是指沙体在自然情况下最大的堆积角度，通常为"金字塔"形。风力搬运的沙体容易形成这样的堆积角度，所以休止角型结构是风成沉积的重要特征之一，在其形成过程中，堆积角度小于 34°。具有休止角型结构的沉积物被全新世海侵沉积或者海水覆盖以后，经长期的压实，其倾斜角可能变小。尽管如此，风成沉积的

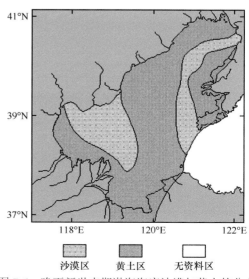

图 7-6　晚更新世末期渤海海底沙漠与黄土的分布

堆积角度，仍然比流水作用的堆积角度要大得多，十分容易辨别。这种休止角型沉积结构在南黄海中部地区保存很好，十分容易找到。

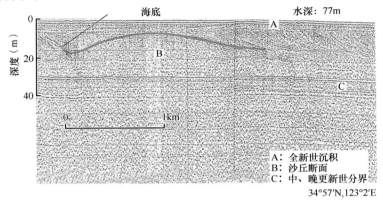

图 7-7　南黄海海底的沙丘剖面之一
图中的弧形线代表埋藏沙丘的剖面形态

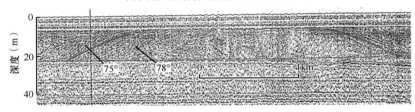

图 7-8　南黄海海底的沙丘剖面之二
该图代表被削平顶部的沙丘剖面

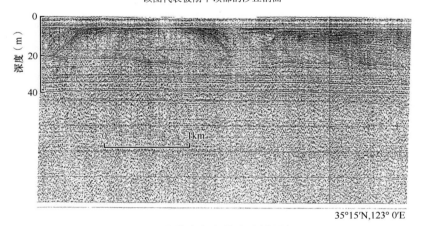

图 7-9　南黄海海底的沙丘剖面之三
又一被削平顶部的沙丘剖面

　　由此可见，海底取样分析、钻取岩芯研究、浅地层剖面仪测量，都可以证明晚更新世末期的海退之地为一片沙海环境。全新世以来海侵的发生又将沙海淹没，因而其成为海底沙漠了。

（五）海底还保存着冰缘地貌——斑块状分布的塌陷沉积

　　海退后出现的海底沙海本身就是一种冰缘环境，陆架上还有其他的冰缘地貌被保存下来。塌陷沉积为浅地层剖面仪测量技术所记录到的又一冰缘现象。在寒冷气候下，松散沉积物中水体的体积发生变化，当水体结冰时产生向下的压力，使冰体下的松散地层向下凹（这是一种不可逆的过程），即向下弯曲，地面上可以继续接受沉积；当温度变暖时，冰又发生融化，导致松散层下沉，形成新的沉积层。这一过程反复进行，最终形成塌陷型沉积结构。冰缘环境由于含有不同形式的地下冰，受热融化后，形成热融洼地，成为湖塘或发育沼泽，因此在塌陷沉积中，有可能出现较多层的泥炭沉积。值得注意的是，在塌陷沉积层中，越向上沉积层的范围越小，面积也变得越来越小，显示为多次塌陷的地质特征。东海陆架及长江三角洲的地层中保存了各种类型的塌陷沉积，包括对称型的塌陷［图 7-10，剖面位置为（30°17′N，124°54′E）］、不对称型的塌陷［图 7-11，剖面位置为（32.6°N，126°20′E）］及成群出现的塌陷（图 7-12，图 7-13）等，也许这种地貌单元正是猛犸象等喜冷动物群到处寻找的地方。

图 7-10　东海陆架上的对称型塌陷沉积剖面

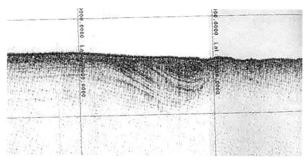

图 7-11　东海陆架上的不对称型塌陷沉积剖面

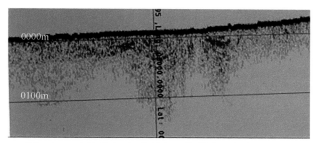

图 7-12　东海陆架上成群出现的塌陷沉积剖面之一

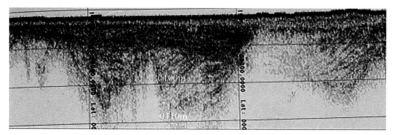

图 7-13　东海陆架上成群出现的塌陷沉积剖面之二

三、残存的海岸沙丘

　　渤海和黄海海岸可见到许多海岸沙丘，它们多是继承性的沙丘堆积体。在冰期海退时期，从渤海北部的昌黎沙丘群经渤海海底到渤海南部，构成我国北方最大的古沙丘分布区。全新世海侵把低海拔的沙丘淹没，它们成为水下沙丘或海底沙海；而海拔较高的沙丘则成为海岸沙丘，以秦皇岛七里海附近的残存沙丘最为典型。七里海位于河北昌黎县，地域辽阔，地势低洼。七里海东南岸有海岸沙丘与渤海相隔，海岸沙丘带宽 1 ~ 2km，一般高度为 20 ~ 30m，最高达 45m。通常的潟湖，岸外由沙坝组成，而七里海的岸外是高大的沙丘群。七里海地理位置见图 7-14。

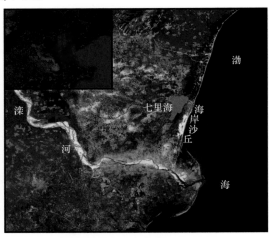

图 7-14　七里海地理位置

　　七里海一带沙丘群的形成过程，可以描述为：冰期时期，随着出露海底沙漠化，位于北部的海底沉积物被输送到南部沙丘活动区，形成大面积分布的海底沙漠区。北部失去了间冰期海底沉积物而又得不到新的补充（往北是丘陵和山地，不能提供沙源）。久而久之，现今的七里海一带就因风暴的吹蚀作用，而成为规模较大的风蚀洼地。也就是说，在全新世海侵前，现今七里海所在的洼地已经形成。七里海岸外沙丘群的基本特征见图 7-15 ~ 图 7-17。

图 7-15　七里海海岸残存沙丘之一

图 7-16　七里海海岸残存沙丘之二

图 7-17　七里海海岸残存沙丘之三

第三节　下蜀黄土

研究区最为典型的冰缘地貌就是下蜀黄土（简称"下蜀土"）的堆积。下蜀黄土作为冰缘地貌而存在。从地理上来看，它又是一个古老的湖坝。下蜀黄土的变化记录了长江是如何从一个冰川时代的中国第一大湖，而变成今日所见到的中国第一大河。

一、下蜀黄土研究史

下蜀黄土的研究最早可追溯到 19 世纪德人李希霍芬（Richthofen）的研究。1860 年和 1868 年，他先后两次来中国进行地理、地质考察，撰写出对中国地质发展产生重要影响的鸿篇巨著——《中国——亲身旅行的成果和以之为根据的研究》。1868 年，李希霍芬再次来到中国，进行实地地质考察，精心设计了多条考察路线，以上海作为基地，在 1868～1872 年的 4 年间，他的足迹遍及中国 18 个省（区、市），其考察范围北抵辽宁沈阳，西到四川成都，南到广州（包括香港），东到舟山群岛，时间之长，地点之多，均非他人所能及。

从李希霍芬的考察路线来看，他两次通过宁镇山脉，对那里的黄土堆积进行过最早的描述，并首次将其称为"黄土"。1924 年，刘季辰和赵汝俊根据初步的调查研究，认为这套堆积与华北黄土相似，属于黄土沉积，将其称为"黄土层"。"下蜀土"的正式命名见于 1932 年李四光、朱森的《南京龙潭地质指南》一书。继后，巴尔博（1934）称"下蜀亚黏土"。1935 年，李四光、朱森等通过对南京、下蜀、镇江一带的棕黄色亚黏土再进行研究，将其命名为"下蜀系"。因此，对这套堆积物的研究已有 90 余年的历史，诸多学者在不同领域、不同位置针对下蜀黄土，做过许多研究。但是到目前为止，有关下蜀黄土的成因和沉积年代，尚未取得一致意见（杨达源，1986，1991；吴标云，1985）。

值得回顾的是，许杰（1936）鉴定了其中的旱生腹足类化石，提出这套堆积形成于干冷的草原环境，时代上应与西北黄土高原的马兰黄土相当。然而，在 20 世纪 50 年代末期，却将其归属于河湖相沉积。此后，也有学者把长江下游的这套堆积称为泛滥黏土（方鸿淇，1961）。下蜀黄土的风成说和水成说的争论也由此开始。

关于下蜀黄土的研究，可大致划分为四个阶段。

（一）初期阶段（1924～1936 年）

在这个阶段之前，研究人员进行了最早的考察与研究。随后，地质学家如李四光、朱森、巴尔博、刘季辰、许杰等在区域地质调查的基础上，对下蜀黄土进行了一定的研究，并提出初步概念（李立文和方邺森，1992；许杰，1936）。可以说，李四光、朱森是最早对下蜀黄土命名的人，比巴尔博（1934）早一年。在此期间，许杰（1936）在腹足类研究方面非常出色，为此类堆积的研究奠定了基础。

（二）早期阶段（1937～1950 年）

此阶段从黄土角度研究的比较少，主要是对土壤的研究。例如，土壤学家程广禄(1947)、于天仁(1950)、宋达泉（1950）、马溶之（1944）等从土壤角度出发，把湖岸黄土作为土壤母质来研究。宋达泉（1950）、于天仁（1950）和马溶之（1944）等对物质成分等做了较深入的研究。

（三）中期阶段（1951～1995 年）

如前所述，方鸿淇（1961）、杨达源（1986,1991）、吴标云（1985）、赵松龄等（1996）和郑祥民（1999）等针对下蜀黄土的物质特征和成因，都进行了大量研究。还有一些部门和单位也开展了有关的研究工作。

下蜀黄土作为成土母质及工程建筑的地基基础，引起众多单位与学者的研究。这些单位和学者如：南京大学、华东师范大学、中国科学院南京地理与湖泊研究所、中国科学院南京土壤研究所、南京师范大学、南京地质学校、江苏省区域地质调查大队、江苏省水文地质大队和南京市政工程有限公司等，杨怀仁、方家骅、黄姜依、韩信斌和景才瑞等。从 20 世纪 70 年代开始，首先在这类堆积内发现鹿、牛化石，对其中的钙质结核测定了地质年龄，同时对它们的有关特征也做了初步研究。

（四）近期阶段（1996 年至今）

对黄土高原黄土、渤海海岸带黄土及舟山群岛黄土研究的深入，也促进了对下蜀黄土的研究进程。在这个阶段，赵松龄等、郑祥民等、刘良梧等和刘选等都做了大量的研究，深化了对黄土成因与物质来源的认识。另外，夏应菲等（2000）采用色度学法，系统研究了新生圩李家岗黄土剖面的反射光谱特征，并结合磁化率、微量元素 Rb 与 Sr 的含量和比值，把下蜀黄土形成以来的古气候变化划分为 3 个波动旋回；与黄土高原黄土对比，发现长江中下游地区的下蜀黄土具有更强的化学风化作用和更高的成壤强度。近年来，研究者在长江中下游晚更新世地层中发现了古人类化石，如和县猿人化石、南京汤山洞穴的猿人化石，其与下蜀黄土具有密切关系。

目前，有关下蜀黄土风积成因的观点逐渐占上风（赵松龄等，1996；郑祥民，1998；李徐生等，1999；杨守业等，2001；林家骏等，2004；李立文，2006）。下蜀黄土是晚更新世以来苏北一带的气候变化及环境变动的最好记录，也是古气候和古环境变化信息的良好载体。与西北黄土相比，下蜀黄土具有沉积厚度小、形成时代较晚、成分复杂、色调多样等特点。我们认为：下蜀黄土是皖北、苏北隆起的古湖相沉积和出露了的黄海海底物质，在晚更新世期间经风力吹蚀起动而搬运，共同在下风头堆积而成的，也就是说相当于"源"沉积的衍生沉积，因而其具有源地的一系列特征，这就是下蜀黄土曾被误认为河湖相沉积的原因（全国地层委员会，1959）。本书认为：下蜀黄土主要是风成沉积，但它的"源"是多处的，从黄海陆架到西部黄土分布区，都可以是它的源。不过长江古湖与西部黄土是共源的；东部的下蜀黄土还要受当地和黄海陆架环境的影响。

二、下蜀黄土分布

迄今为止的调查研究表明，北起苏北，南抵太湖，西始汉江，东迄黄海、东海陆架，在宁镇山脉北坡与山麓面凹地、长江中下游沿江两岸山地、台地及江北平原，广泛分布着下蜀黄土。此外，在长江三角洲平原、东海陆架和岛屿上也有黄土分布。

长江下游的下蜀黄土在空间分布上具有连续性、披覆性和坡向性等特点。在南京地区，从江北到江南，黄土大面积均匀分布，披覆在不同高度各类地貌单元之上，自低山丘陵顶坡一直分布到沿海平原，厚度为10 ～ 40m，随地形的起伏而变化。地形较高部位分布少，厚度小；低平部位分布集中，厚度大。早期堆积的黄土由于后期流水作用的改造，地表呈微缓起伏的波状面，或者被切割成沟谷地貌。在长江两岸，由于新构造抬升，黄土堆积被切割为两级阶地。因此，下蜀黄土经过不同时期的新构造运动和流水作用后，以阶地的形态分布于长江两岸，形成特殊的黄土台地。黄土台地又经后期流水作用，被切割成大量不规则形状的黄土沟谷（李立文，2006）。

南京一带的下蜀黄土直接出露于地表，在江北大厂社区一带呈丘陵状。平原区黄土埋深较浅，在地表耕作土之下就能见到。镇江一句容以东和常州以西的低丘陵均为黄土所覆盖，而平原区的黄土则大多被全新世薄层沉积所覆盖。在宁镇一带，下蜀黄土分布很广、厚度大，除大河道或古冲沟外，几乎遍及全区（图 7-18）。这里的下蜀黄土一般厚 20 ～ 30m，分布高度为 20 ～ 50m，在少数山地分布高度可达80 ～ 100m；山地北坡黄土的中值粒径为 0.014 ～ 0.024mm，南坡则为 0.07 ～ 0.015mm，显示了北坡粒度粗、南坡细的沉积特征。

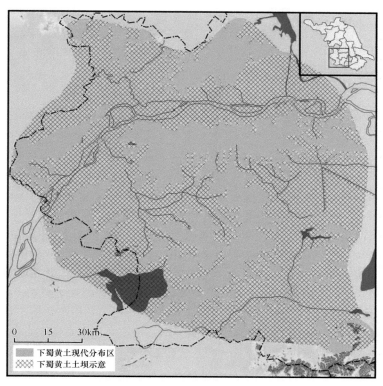

图 7-18　苏北下蜀黄土分布图

据前人资料和作者近期考察结果综合绘制而成

　　从图 7-18 可以看出，下蜀黄土集中分布在南京—扬州一带，它的主要排列方向是东西向。从现代长江的路径来看，它穿越了下蜀黄土。本书认为：南京—扬州一带的下蜀黄土，就是当时古长江湖位于东部的"坝"。过去它比现在要高得多，目前所见到的是被冲垮后、又受到万余年的侵蚀而残存下来的形态，见图 7-19 和图 7-20。

图 7-19　残存的东西向排列的下蜀黄土之一

图 7-20　残存的东西向排列的下蜀黄土之二

　　当冰期来临时，海面降低，陆架出露，内陆的大型湖泊——古长江湖转变为冰湖时，就会有那时的黄土沉入冰湖。

三、下蜀黄土地层

（一）下蜀黄土典型剖面

　　在南京附近，可见到许多发育和保存完好的下蜀黄土剖面。这里列举几个代表性典型剖面，以反映下蜀黄土的基本特征。

1. 南京新生圩黄土剖面

在南京东北 20km 的新生圩附近，可以见到几个完整的黄土剖面，均可见顶底。各个剖面黄土地层相同，皆可对比，此处仅以李家岗剖面为例予以阐述，见图 7-21。

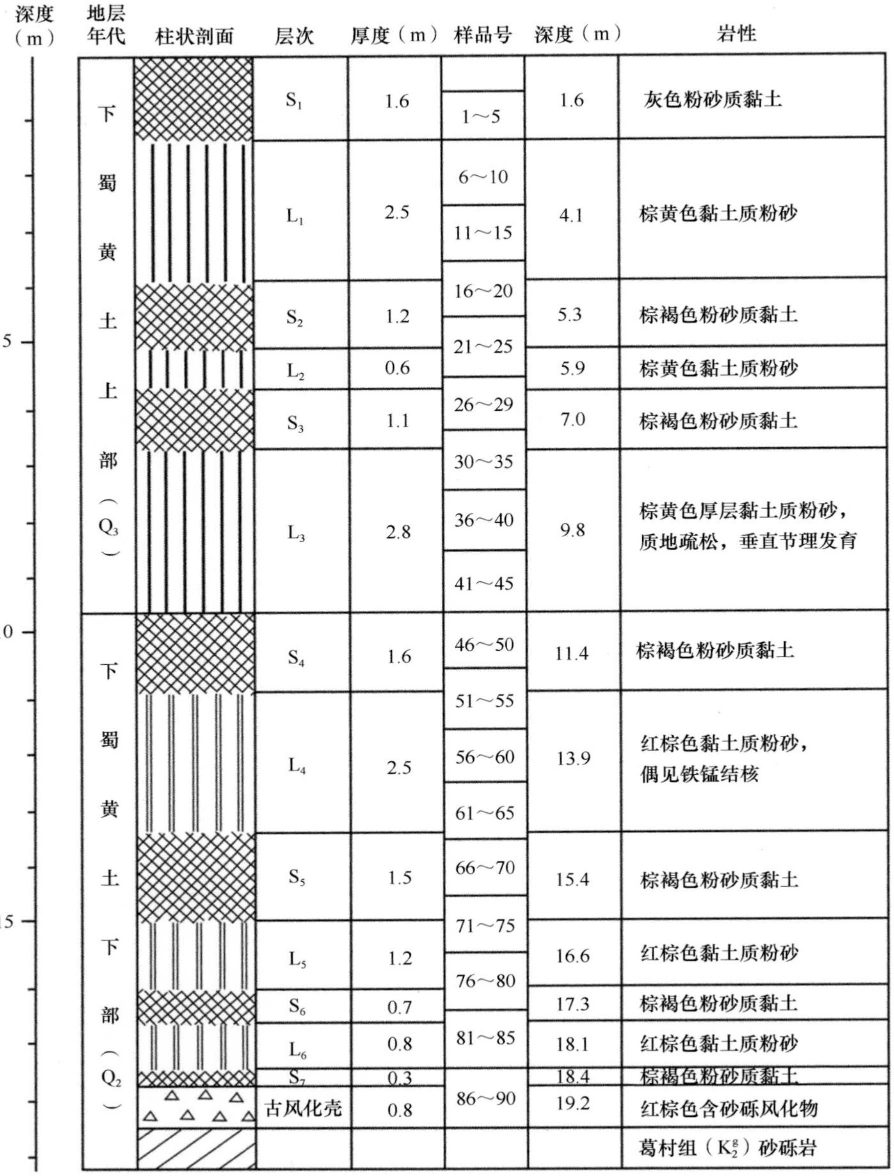

深度（m）	地层年代	柱状剖面	层次	厚度（m）	样品号	深度（m）	岩性
	下蜀黄土上部（Q₃）		S₁	1.6	1～5	1.6	灰色粉砂质黏土
			L₁	2.5	6～10	4.1	棕黄色黏土质粉砂
					11～15		
5			S₂	1.2	16～20	5.3	棕褐色粉砂质黏土
			L₂	0.6	21～25	5.9	棕黄色黏土质粉砂
			S₃	1.1	26～29	7.0	棕褐色粉砂质黏土
			L₃	2.8	30～35	9.8	棕黄色厚层黏土质粉砂，质地疏松，垂直节理发育
					36～40		
10					41～45		
	下蜀黄土下部（Q₂）		S₄	1.6	46～50	11.4	棕褐色粉砂质黏土
			L₄	2.5	51～55	13.9	红棕色黏土质粉砂，偶见铁锰结核
					56～60		
					61～65		
15			S₅	1.5	66～70	15.4	棕褐色粉砂质黏土
			L₅	1.2	71～75	16.6	红棕色黏土质粉砂
					76～80		
			S₆	0.7		17.3	棕褐色粉砂质黏土
			L₆	0.8	81～85	18.1	红棕色黏土质粉砂
			S₇	0.3		18.4	棕褐色粉砂质黏土
		古风化壳		0.8	86～90	19.2	红棕色含砂砾风化物
							葛村组（K₂ᵍ）砂砾岩

图 7-21 南京李家岗下蜀黄土地层剖面

该剖面总厚度为 19.2m，自上而下可分为 14 层。

（1）古土壤层（S₁）：古土壤发生层较清晰，粒状结构，灰色粉砂质黏土厚度为 1.6m。

（2）黄土层（L₁）：棕黄色黏土质粉砂，较疏松；节理发育，节理面具棕红色黏土胶膜浸染；含少量钙质结核，结核直径为 5～11cm；含有动物和植物化石。厚度为 2.5m。

（3）古土壤层（S₂）：棕褐色粉砂质黏土，向下颜色变深，质地黏重，粒状结构，具微孔，孔圆不规则，偶见铁锰胶膜。经青岛海洋地质研究所测定，剖面中部样品的 ^{14}C 年龄为（15 600±1170）a B.P.。厚度为 1.2m。

（4）黄土层（L₂）：棕黄色黏土质粉砂。厚度为 0.6m。

（5）古土壤层（S_3）：棕褐色粉砂质黏土，颜色比 S_2 略淡，质地黏重，粒状结构，含铁锰结核。经青岛海洋地质研究所测定，剖面底部样品的 ^{14}C 年龄为（28 370±1240）a B.P.。厚度为 1.1m。

（6）黄土层（L_3）：棕黄色厚层黏土质粉砂，疏松多孔，垂直节理发育，偶见铁锰结核。厚度为 2.8m。

（7）古土壤层（S_4）：棕褐色粉砂质黏土，质地较黏重，粒状结构。可细分为三层，上部为黄褐色古土壤，下部为淡棕褐色古土壤，中部为棕黄色黄土过渡带。厚度为 1.6m。

（8）黄土层（L_4）：红棕色黏土质粉砂，含铁锰结核，比 L_3 致密，垂直节理，偶见石英颗粒与铁锰胶膜。厚度为 2.5m。

（9）古土壤层（S_5）：棕褐色粉砂质黏土，块状结构，节理面上发育铁锰胶膜。厚度为 1.5m。

（10）黄土层（L_5）：红棕色黏土质粉砂，较致密，垂直节理，偶见铁锰胶膜。厚度为 1.2m。

（11）古土壤层（S_6）：棕褐色粉砂质黏土，质地黏重，铁锰胶膜发育，偶见米粒状铁锰结核。厚度为 0.7m。

（12）黄土层（L_6）：红棕色黏土质粉砂，垂直节理。厚度为 0.8m。

（13）古土壤层（S_7）：棕褐色粉砂质黏土。厚度为 0.3m。

（14）古风化壳：红棕色含砂砾风化物，块状结构，黑色铁锰胶膜发育，含小角砾和岩屑，向下过渡为基岩。厚度为 0.8m。

下伏基岩为葛村组（K_2^g）砂砾岩。

新生圩附近的下蜀黄土剖面都含 7 层古土壤、6 层黄土和 1 层古风化壳。其中，1～6 层为上部，7～11 层为下部。剖面上部（1～6 层）黄土层最明显的特征是呈棕黄色、棕褐色，以黏土质粉砂为主，总厚度大于古土壤层。剖面下部（7～11 层）的棕褐色古土壤与红棕色黏土质粉砂相间成层，古土壤的总厚度大于黄土层，并以粉砂质黏土为主。

2. 南京下蜀镇黄土剖面

下蜀镇位于南京东 40km，是下蜀黄土命名和最早研究的地点。由于下蜀镇附近宁沪高速公路的建设，经过开挖而出露众多下蜀黄土剖面。这里仅以下蜀镇六里甸剖面为例予以阐述。

该剖面总厚度为 6.0m，自上而下可分为 5 层。

（1）现代土壤层：灰黄色黏土质粉砂，结构疏松，孔隙发育，含植物根，在节理面零散地淀积着白色钙质网纹，厚度为 0.5m。

（2）古土壤层：棕红色粉砂质黏土，结构较致密，块状结构，具铁锰胶膜浸染，孔隙不甚发育。厚度为 0.5m。

（3）黄土层：淡黄色黏土质粉砂，结构较致密，柱状节理发育，节理面上普遍发育铁锰胶膜，呈棕褐色斑点状网纹，具孔隙，肉眼可见。厚度为 1.0m。

（4）古土壤层：棕红色粉砂质黏土，既发育白色钙质网纹，又发育少量铁锰胶膜，孔隙发育，孔径一般为 1mm，最大可达 5mm。厚度为 2.0m。

（5）黄土层：棕黄色黏土质粉砂，结构较疏松，柱状节理，节理面上发育棕褐色铁锰胶膜，孔隙发育，孔径一般为 1～2mm，最大可达 5mm，底部为角砾层，角砾主要是石英岩。厚度为 2.0m。底部是基岩，其岩性是石英二长石，未见底。

3. 南京燕子矶黄土剖面

燕子矶濒临长江，位于南京城北。在栖霞山、笆斗山和幕府山西侧，以及下蜀镇—镇江一带，均有下蜀黄土分布。黄土分布的海拔一般为 20～40m，最高可达 70m。自上而下，南京燕子矶下蜀黄土剖面（图7-22）特征如下。

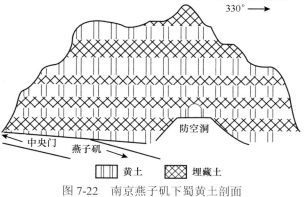

图 7-22　南京燕子矶下蜀黄土剖面

该剖面总厚度为 28.00m，自上而下可分为 9 层。

（1）现代土壤层：灰褐色粉砂质黏土，粒状结构，植物根系发育，可见瓦片。厚度为 0.25m。

（2）古土壤层（S_1）：棕黄色粉砂质黏土，团粒结构，孔隙发育，其内壁发育红棕色胶膜，偶见植物根系。厚度为 2.50m。

（3）黄土层（L_1）：浅黄褐色黏土质粉砂，块状结构，孔隙中等发育，垂直节理，节理面上有少量棕褐色胶膜。厚度为 3.25m。

（4）古土壤层（S_2）：棕褐色粉砂质黏土，中等胶结，团粒结构，含棕褐色铁锰结核，孔隙发育，孔径可达数毫米；自上而下颜色变深，铁锰胶膜逐渐增多。厚度为 2.25m。

（5）黄土层（L_2）：灰黄色黏土质粉砂，质地均匀，垂直节理发育，节理面上具铁锰胶膜浸染，具小孔隙，偶见钙质结核散布，呈球状或椭球状，实心状，直径一般为 3～5cm，最大可达 10cm。厚度为 8.50m。

（6）古土壤层（S_3）：棕褐色粉砂质黏土，质地黏重，团粒结构，小孔隙，发育褐色胶膜，见铁锰结核；含腹足类化石，经余汶鉴定为 *Buliminus* sp. 和 *Ganeslla* sp.。厚度为 3.50m。

（7）黄土层（L_3）：浅黄色黏土质粉砂，质地均匀，疏松多孔；与其下古土壤层之间为一剥蚀面。厚度为 0.50m。

（8）古土壤层（S_4）：棕褐色粉砂质黏土，质地黏重，团粒结构，发育褐色胶膜，并含较多铁锰结核；层中发育明显的红色条带。厚度为 5.25m。

（9）黄土层（L_4）：棕黄色黏土质粉砂，质地均匀，孔隙发育，具垂直节理，见钙质结核。厚度为 2m，未见底。

总的来看，下蜀黄土的自然剖面均呈陡壁或直立状，质地均匀，无层理，垂直节理发育，粒度比较粗。粗砂含量为 10%～25%，粉砂含量为 55%～65%，黏土含量为 20% 左右。其中，粗粉砂含量是细粉砂含量的 3～5 倍。如此粗的下蜀黄土，不可能来源于我国的西北地区，应该主要来源于附近地区，也就是全新世以来长江三角洲沉积物以下的沙漠活动区。它与苏北浅滩沙漠活动区连成一片，属于黄海一带的沙漠——黄土堆积体系。显然，南京一带的黄土，即上述下蜀黄土，均应属于黄海海底沙漠化的衍生沉积，两者构成典型的沙漠 - 黄土堆积带。

（二）岩性地层

南京附近的下蜀黄土，以上述几个剖面的堆积最为典型，古土壤与黄土母质交替发育，剖面完整而连续。从观察到的剖面来看，多数具有 6 个黄土母质层和 7 个古土壤层。最下层为红色风化层，向下过渡为基岩。根据黄土剖面岩性的风化程度，下蜀黄土一般可分为上、下两部分。下部为棕褐色、棕红色古土壤与棕黄色黄土互层，总体上颜色比上部深，古土壤细粒物质含量多，以粉砂质黏土为主，总厚度大于黄土层；上部为灰黄色黄土和棕褐色古土壤层互层，其中的 S_2 与 S_3 称为"褐二条"，是明显的标志层；其下为厚层的质地均一的 L_3 黄土层，可作为上、下两部分的分界层。"褐二条"在南京地区见于下蜀镇、笆斗山和燕子矶等黄土剖面。

下蜀黄土剖面中黄土层与古土壤层的交替成层特征，可与西北黄土高原黄土 - 古土壤系列相对比（刘东生等，1985），同样是古气候与古环境变化的良好记录。黄土母质属于原生堆积，古土壤是黄土母质在后期温湿气候环境条件下经过成壤过程的产物。由于下蜀黄土堆积厚度较小，风化淋溶作用又较严重，因此黄土与古土壤之间的色调差异比西北内陆黄土剖面小得多，需要仔细观察才能分辨出来。但是，下蜀黄土剖面的黄土层与古土壤层还是存在一定区别，具有许多不同的特征（表 7-3）。

表 7-3　苏北下蜀黄土地层基本特征对比

基本特征	黄土母质层	古土壤层
颜色与岩性	属于黏土质粉砂，总体呈灰黄色或褐黄色，色调偏浅，铁锰胶膜不发育	属于粉砂质黏土，总体呈棕红色或棕褐色，色调比黄土层深，铁锰胶膜发育

续表

基本特征	黄土母质层	古土壤层
结构与质地	垂直节理发育，质地均一，疏松多孔，含钙质结核	块状或粒状结构，质地不均一，比黄土母质致密，黏性偏高，不含钙质结核
磁化率及土壤化程度	磁化率低，曲线呈波谷段，土壤化程度较浅	磁化率高，曲线呈波峰段，土壤化程度较深
孢粉及古气候	孢粉组合以干凉的植物成分如云杉、阴地蕨、铁杉和藜、菊、蒿等为主	孢粉组合以含喜暖植物成分如青风栎、枫杨、杉科、漆、冬青、桑科等为主

（三）生物地层

苏北下蜀黄土的扰动现象较为明显，其中含一些动物化石。李立文和方邺森（1985）在老虎山黄土剖面中首次发现了斑鹿（*Pseudaxis* sp.）、轴鹿（*Axis* sp.）、食肉目（Carnivora）、鹿亚科（Cervinae）和牛科（Bovidae）等动物；有人在象山发现了鹿角化石，经中国科学院古脊椎动物与古人类研究所鉴定是水鹿；许杰（1936）在下蜀黄土中鉴定出旱螺 15 种、淡水螺 2 种，其中 76% 为现代种。此外，王金权和李立文（1990）还在狮子山、无锡太湖边的黄土中发现了 90 多枚腹足化石，经中国科学院南京地质古生物研究所鉴定，基本与许杰（1936）发现的种属一致。发现的这些化石虽然不多，难以构成生物组合，但仍可作为确定地层时代的依据。上述化石基本都是晚更新世生存的常见属种，表明下蜀黄土主要形成于晚更新世。

南京附近的下蜀黄土含有腹足类，李立文和方邺森（1985）在老虎山黄土剖面中发现了灰缓行螺 *Bradybaena ravida* (Benson)、蠕虫型滑口螺（比较种）*Aegista cf. vermis* (Reeve)、灰白圆螺 *Cyelophorus pallens* Hende 等腹足类化石组合。腹足类化石组合是反映环境变化的"指示动物"，它迁移能力小，埋藏与生活地点一致，对温度、湿度要求严格，地层信息可靠。中欧常以腹足类化石组合作为建立气候序列和划分与对比地层的依据。

再者，在狮子山黄土剖面发现的江西缓行螺，属于发现的新种，生活在现代干燥温暖的陆地环境；在无锡太湖附近黄土中发现了 6 枚淡水种腹足类化石，它们一般生活在淡水湖中。由此可以推断，下蜀黄土形成于干燥气候条件下，其物质来源与湖相沉积密切相关。

四、下蜀黄土的形成年代

吴标云（1985）对泰山新村下蜀黄土中的钙质结核进行了放射性 ^{14}C 测年，通过综合分析认为，下蜀黄土主要形成于距今 18 000 年的末次冰期。李立文和方邺森（1985）对南京李家岗剖面第 1 和第 2 层古土壤中的有机碳进行了放射性测年，^{14}C 年龄分别为（15 600±1170）a B.P. 和（23 780±1240）a B.P.。刘良梧和 Elöller（1988）对南京燕子矶附近下蜀黄土剖面底部的样品（样品采自地表向下 20～21m 处）进行了热发光测年，年龄为（20 2421±17 000）a B.P.。1993 年，李立文等又对南京老虎山下蜀黄土中的钙质结核及动物化石做了 ^{14}C 测年，采自剖面上部的结核的内核年龄为（30 900±1080）a B.P.，而位于剖面上部的含鹿角结核的全样年龄为（16 620±200）a B.P.。由于黄土中的钙质结核形成于黄土沉积之后，下蜀黄土沉积的年代应比钙质结核形成的年代要老些。王金权和李立文（1990）应用氨基酸外消旋法测定了南京三山矶下蜀黄土中腹足类化石的年龄，结果为 18 868a B.P.。郑祥民和严钦尚（1995）对江苏镇江大港下蜀黄土剖面（总厚度为 23.70m）进行了系统取样，将样品送往日本大学进行了系统的热释光测年，下蜀黄土剖面地表向下 30cm 处的年代为（26.7±4.3）ka B.P.，约 5m 处为（38.6±5.7）ka，8.8m 处为（43.1±6.3）ka，15.8m 处为（82.1±12.0）ka。赖忠平等（2001）采用红外释光测年方法，对南京许家村剖面的下蜀黄土进行了测年，结果是顶部的全新世古土壤（相当于西北内陆黄土和渤海海岸带黄土顶部的黑垆土）底界的年代为（10.8±1.0）ka；第 1 层黄土（L₁）剖面顶部的年代为（14.3±1.3）ka，底部的年代为（71.5±7.5）ka。这些测年结果表明，下蜀黄土第 1 层黄土（即上部黄土）形成于末次冰期，其年代与黄土高原的马兰黄土（Q₃）和渤海海岸带的大连黄土（Q₃）相当。

从上述测年数据可以看出下蜀黄土形成的年代，下部为中更新世，上部为晚更新世。镇江大港黄土剖面的热释光断代年龄表明其属于晚更新世沉积，上部黄土的厚度达 10m 之多，与大连黄土属同期堆积，确实为末次冰期沉积的产物。值得一提的是，宁镇山脉一带的下蜀黄土与辽东半岛、庙岛群岛和山东半岛的海岸带黄土，均在同一时期形成。

五、下蜀黄土的地质作用

下蜀黄土是我国北方黄土堆积的一部分。我国的黄土堆积并不是到山西、河南一带就终止前进了，而是继续向南和东南推进，进入长江中下游地区形成那里的下蜀黄土，其落入冰湖中就成为湖泥，落入古冰川活动区就成为冰碛泥的一部分。长江的南京附近是下蜀黄土比较集中的分布区，也是海拔较高的地区。从山谷的情况来看，那里又是比较狭窄的地段，在更新世期间，那里的下蜀黄土不断加高、加厚，自然就会像大坝一样阻挡湖水外流，冰期时期湖水结冰，而黄土在不断增高，再加上长江中游地区谷道宽阔，又有鄱阳、洞庭两湖的调节，在更新世期间，长江一直是内陆湖。

长江能长期成为内陆湖的最重要原因，还是当地的冰川活动，因为冰期时期的降水以固态的降雪为主，很少有大的径流水体流入湖中，夏季只有少量冰川融水能进入湖中。如果流入量与当地的蒸发量相当而相互抵消，那么长江古湖就不会有太多的水量增加。

长江古湖是封闭的水体，来自西北地区的黄土泥在不断增加，使湖底沉积物不断加厚，再加上长江古湖周边夏季河流径流的活动，也会输入部分泥沙，使古长江湖的容积减少、湖面升高。石钟山现在的海拔为 67m，当时都曾被埋入湖底。

进入冰消期以后，山地冰川快速融化，湖面快速增高，其高度已比下蜀黄土还高，于是在距今 12 000 年前后，就发生了可怕的决堤事件，导致大喇叭形海湾的出现，这就是只存在全新世以来的长江三角洲，而无更老三角洲的原因。

第四节　北半球第三冰原活动期的劈石

劈石为岩石承受冻裂作用而形成。冰期时期气候寒冷，少量的融水进入岩石的裂隙而结冰，由于冰和水的密度不同，冰的密度是 $0.9g/cm^3$，而水的密度是 $1.0g/cm^3$，当水凝结成冰时，质量不变，密度变小（由 $1.0g/cm^3$ 变成了 $0.9g/cm^3$），所以体积变大。1g 水结冰时膨胀力为 $960kg/cm^2$。处在冰舌位置的漂砾，在夏季来临时，裂隙中少量的冰会融化，再注入新的冰融水，冬季再结冰膨胀，经过多次反复，最终能将巨大的漂砾冻裂开，从而形成劈石。

一、漂砾转变为劈石

我国从北到南都有劈石景观，见图 7-23 ～图 7-38。在现在的气象和气候条件下，冬天的气温即使是在 $-30 ～ -20℃$ 甚至更低，也不会形成劈石。

图 7-23　北京密云劈石　　　　　　　　　　　图 7-24　山东大泽山劈石

图 7-25　山东崂山劈石口劈石

图 7-26　山东崂山八水河劈石

图 7-27　江苏连云港锦屏山劈石

图 7-28　山东蒙山劈石

图 7-29　山东峄山劈石之一

图 7-30　山东峄山劈石之二

图 7-31　山东峄山劈石之三

图 7-32　山东峄山劈石之四

图 7-33 山东峄山劈石之五

图 7-34 山东峄山劈石之六

图 7-35 山东峄山劈石之七

图 7-36 福建厦门劈石

图 7-37 海南岛劈石之一

图 7-38 海南岛劈石之二

二、冰碛物中的劈石

在冰碛物剖面中,还可找到劈石,这就证明该冰碛物剖面的堆积物非泥石流所为,见图 7-39 和图 7-40。

图 7-39 山东崂山大河东冰碛物中的劈石

图 7-40 山东圣经山冰碛物中的劈石

第五节　冰缘环境中的喜冷动物群

一、猛犸象及其生存环境

猛犸象属（*Mammuthus*）是长鼻目真象科（Elephantidae）中已绝灭的一属。此属动物英文名为"mam-moth"，"猛犸"乃沿用日本人的译名。广义的猛犸象一度包括平额象（*mammuthus planifrons*）、南方象（*mammuthus meridionalis*）等多种早期原始的真象，其中有一些类型与现生的印度象和非洲象系统关系非常近。狭义的猛犸象（*mammuthus primigenius*）又名"毛象"，是一种适应于寒冷气候的动物，在更新世广泛分布于包括中国东北、华北在内的北半球寒带地区。这种动物身躯高大，体披长毛，一对长而粗壮的象牙强烈向上向后弯曲并旋卷；它的头骨短，顶脊非常高，上下额和齿槽深，臼齿齿板排列紧密，数目很多，第三臼齿最多可以有 30 片齿板。有的研究者称猛犸是鞑靼语"地下居住者"的意思。一头成熟的猛犸象，身长达 5m，体高约 3m，门齿长 1.5m 左右，体重可达 4～5t。它身上披着黑色的细密长毛，皮很厚，具有极厚的脂肪层，厚度可达 9cm。从猛犸象的身体结构来看，它具有极强的御寒能力。长毛猛犸象是猛犸象属适应于极端寒冷气候环境的最进步的种，约 $80×10^4$ 年前起源于西伯利亚，$35×10^4$ 年前扩散至欧洲，只适应于干燥、寒冷的环境，对气候的变化很敏感，迁移性很强，其化石对古地理、古环境、古气候有极好的指示作用。最后冰期期间，约在数万年以前，寒冷的冰期气候给喜冷猛犸家族带来了繁荣。在如今的西伯利亚、加拿大、美国、朝鲜半岛、中国沿海等国家和地区都发现过猛犸象的化石。

二、猛犸象与人类的关系

猛犸象曾是石器时代人类的重要狩猎对象，在欧洲的许多洞穴遗址的洞壁上，常常可以看到早期人类绘制的猛犸象图像，这种动物一直存活到几千年以前，在阿拉斯加和西伯利亚的冻土及冰层里，曾不止一次发现这种动物冷冻的尸体，包括带有皮肉的完整个体。猛犸象是一种生活在寒冷地区的大型哺乳动物，与现在的象非常相似，所不同的是，它的象牙既长又向上弯曲，头颅很高。从侧面看，它的背部是身体的最高点，从背部开始往后很陡地降下来，脖颈处有一个明显的凹陷，表皮长满了长毛，其形象如同一个驼背的老人。

猛犸象生活在北半球的第四纪冰川时期，以草和灌木叶子为生。由于身披长毛，可抗御严寒，一直生活在高寒地带的草原和丘陵上。当时的人类与其同期进化，开始还能和平相处，后来进化到了新人阶段，他们会使用火攻，集体协同作战，捕杀成群的动物和大型的动物，猛犸象就是他们猎取的主要对象。在法国一处昔日为沼泽的化石产地，人们挖掘出了猛犸象的化石。从化石的排列上可以看出：猛犸象被肢解了，四条腿骨前后相连排成一线，头骨被砸开，肋骨有缺失。根据这个现场，专家勾画了一幅当时的画面：原始人齐心协力将一头猛犸象逼进了沼泽，将它陷住，大家在沼泽边用石块和长矛把猛犸象杀死。人们运走了这头象可食的部分，其余的便丢弃在沼泽里。在漫长的岁月中，沼泽水枯泥干，成为干燥的土地，在偶然的机会中被发现有化石，再现了当年生物的场面。猛犸象化石出土最多的地方是北极圈附近。阿拉斯加的因纽特人用象牙化石做屋门，北冰洋沿岸俄罗斯领海中有一个小岛，岛上的猛犸象化石遍地都是。这些化石是冰块流动时从岸边泥土中带出的，堆积到了这个小岛上。由于猛犸象绝灭于距今约一万年的时间，而在自然界中化石的形成需要 $2.5×10^4$ 年，因此猛犸象的化石都是半石化的，像中药里的"龙骨"一样，也是可以用来做药的。更有甚者，苏联古生物学家在西伯利亚永久冻土层中竟然发现了一头基本完整的猛犸象，它的皮、毛和肉俱全。发现它时，它的嘴里还沾有青草，可能是吃草时不小心掉进了冰缝中，经过万年自然"冰箱"的保存，终于和现代人类见面了。

三、猛犸象的绝灭

猛犸象生活到距今约一万年的时候突然全部绝灭了，是什么原因造成的呢？专家做过仔细的研究，找出了许多的原因，但归纳起来认为是由外因和内因共同造成的。外因：气候变暖，猛犸象被迫向北方迁移，随着活动区域缩小和草场植物减少，猛犸象得不到足够的食物。内因：生长速度缓慢。以现代象为例，从怀孕到产仔需要 22 个月，猛犸象生活在严寒地带，推测其怀孕期会更长。在人类和猛兽的追杀下，幼象的成活率极低，且被捕杀的数量离现代越近则越大，一旦它们的生殖与死亡之间的平衡遭到破坏，其数量就会不可避免地迅速减少直至绝灭。猛犸象整个种群的灭亡标志了第四纪冰川时代的结束。

四、中国沿海猛犸象的分布

代表冰缘气候的冰缘动物群猛犸象和披毛犀，在我国寒潮活动通道上的许多地区都有发现，如在下辽河和辽东半岛地区也有多处发现过披毛犀和猛犸象化石，在庙岛群岛的黄土中也保存着鸵鸟蛋和猛犸象化石（曹家欣，1983；李培英，1987；严文明和李前亭，1983）。1971 年初，旅顺铁山公社养殖场在柏岚子东北 5km（38°40′N，121°21′E）、水深 60m 的海底，用渔网捞获了一段完整的脊椎动物骨化石，后来又在其附近发现一枚大象牙化石，经鉴定，前者为披毛犀的右肱骨，后者为猛犸象牙化石。在大连小平岛和龙王塘也曾挖掘到猛犸象化石，时代属晚更新世晚期。在庙岛群岛的大钦岛附近海底，也发现了猛犸象的腿骨。此外，在江苏连云港的海州湾一带，大约在距岸 10 余千米处的海底，也曾捞到披毛犀化石。在朝鲜海峡曾多次采集到猛犸象的牙齿化石。1967 年，东京水产大学"海鹰"号在男女群岛附近也发现了猛犸象牙齿。1992 年，在山东省济南市长清区崮山镇北大沙河挖掘出长毛猛犸象化石。一般认为，长毛猛犸象的活动范围是 40°～50°N 的晚更新世时期欧亚大陆北部及北美大陆。通过 ^{14}C 测年，济南的猛犸象化石地质时代为距今 $3.315×10^4$～$3.325×10^4$ 年。此外，在距离京杭大运河北段 3km 处的台儿庄区马兰屯镇也出土一具猛犸象牙化石，经过测量，这具象牙化石长约 2.30m，最粗处周长 60cm，中间周长 17cm，顶头断掉部分长约 40cm。在青岛的崂山也出土过猛犸象化石，该化石仍保存在青岛市博物馆中。最近，在福建也发现了猛犸象化石，该化石为猛犸象左下第一臼齿前半段，残长 127.5mm，最宽处达 87.2mm，整个臼齿呈椭圆形，从特征上看接近松花江猛犸象；台湾学者也曾在澎湖海沟发现猛犸象臼齿化石，经比较基本属于同一种类，这不仅为研究两万年前地球气候提供了重要依据，也证明了大陆物种迁徙台湾的事实。除猛犸象化石外，专家还发现了 7 件野马化石，包括臼齿、趾骨、掌骨、桡骨、胫骨。2000 年 6 月在吉林省乾安泥林附近的地层中也出土了一对披毛犀化石，经过化石碎片的 ^{14}C 测年，其距今约 20 500 年。2003 年，在渤海湾岸边，挖海卵石的民工从 7m 深的地下挖掘出披毛犀头骨化石，这具披毛犀头骨化石残长 90cm，最宽处为 30cm。此外，在潍坊、蓬莱一带的黄土中也曾发现猛犸象的踪迹。值得注意的是，2003 年 4 月 30 日在北京市宣武区下斜街的一处工地上挖掘出的两件化石，经北京自然博物馆专家鉴定，是猛犸象臼齿化石。北京自然博物馆也是首次入库北京地区的猛犸象化石。2003 年 9 月 17 日，在江苏省宝应夏集的南水北调潼河段工程现场，发现一颗猛犸象牙化石。该象牙化石呈东西走向，月牙形弯曲，白底间隔着棕色的花纹，从牙根部可以看到圆圆的小孔，摸上去表面十分平滑；其距地面深约 7m，连弯曲部分长达 370cm，根部直径约 22.2cm，如此大的象牙化石在江苏省比较罕见。该化石的发现，不仅证明山东半岛处于冰缘环境下，就连长江三角洲、福建一带也处于冰缘环境中。

在朝鲜北部的潼关里（咸镜北道）及平壤市等地也有猛犸象动物群。2003 年，西班牙南部的格拉纳达被欧洲学者确认为拥有世界上长毛猛犸象分布最南记录的地区。经测定，当地出土的长毛猛犸象化石地质时代距今约 $3.58×10^4$ 年，化石产地位于 37°N 附近。而且让古生物专家感到格外有趣的是：欧洲最南端的长毛猛犸象化石在地质时代上与我国济南的标本大体相同。中日联合研究小组在《第四纪科学评论》中也正式提出了一科学新观点：长毛猛犸象化石在欧亚大陆最西端与最东端的同时出现，表明北半球曾出现过古冰川活动，导致了北方草原向南扩展，从而使生活在寒冷地带的长毛猛犸象大规模南迁，以至于到达济南、福建低纬度地区。2007 年，黑龙江省林甸县四合水库工地挖出一个猛犸象牙化石，化石中最大的是一颗门齿，长 1.7m，重 100 多斤[①]，三四个人合力才能抬起。

2007 年 4 月 13 日，山东安丘市的一名村民挖到了一些大骨头化石，位于地下 5.5～6m 处，共 5 块，

处于半石化状态，骨髓部位较软，其中最大的一块长约 50cm、宽约 30cm，质量大约为 5kg，经安丘市博物馆鉴定，这些骨头化石竟是猛犸象化石。1961 年在台湾南部左镇菜寮溪曾发现"台湾古象"的牙齿化石，而"台湾古象"在 2006 年已经被正式命名为"草原猛犸象"，年代为距今 $160×10^4 \sim 220×10^4$ 年。在大甲溪河床所采集到的猛犸象"臼齿化石"，被鉴定为幼象的上臼齿，而且据臼齿牙冠判断，可能是还未断奶的幼象。台湾学者还在澎湖海沟发现了猛犸象臼齿化石，经比较基本属于同一种类。

五、永冻层中的猛犸象

在最后盛冰期，寒冷的气候使北半球许多大型脊椎动物南迁到低纬度地区，以寻找适宜生存的地方，当其死亡以后就留下遗骨。现代在海底发现它们的遗骨，可作为昔日曾在此生活的证明。古生物学家可以根据这些遗骨的分布状况，了解它们在那时的生存空间，从而为恢复古环境变化提供科学依据。国内外的地质学家除了在海底发现它们的遗骨，还在高纬度的冰层或者冻土中找到了它们的遗骸。1803 年，亚达姆斯在勒拿河岸发现了一个完整的猛犸象尸体，它是在 70°N 处落下的冰块中被发现的，尸体的柔软部分保存完整，以致狼和熊就在当地把它的肉当作食物，它的骨架还保存在圣彼得堡的博物院中，其头部还保留有皮肤和许多完整的韧带。1858 年在罗马附近也找到了猛犸象骨化石，也许这是欧洲猛犸象分布的南界；在美洲猛犸象的分布范围内，从加拿大到墨西哥湾都有发现。上述喜冷脊椎动物的发现，进一步证明在晚更新世末期，随着最后冰期的来临，森林线下移，雪线下降，气温降低，喜冷动物群南移，世界洋面下降。那时的古渤海、古黄海都已经消失，岸线迁移到东海外陆架，当时的海面位于现在海拔 –130m 以下。恶劣的自然环境，以及干旱缺水的海底，使来自北方的披毛犀 - 猛犸象动物群，沿着两条路线南下，以寻找能得以生存的环境。这些来自北方的动物群，在东面沿着朝鲜半岛南下，在西面沿辽东半岛和山东半岛南下，大体上在 31°N 附近栖息下来。为了逃避古冬季风带来的寒冷空气的侵袭，它们尽量向南迁移，竟到达日本的男女群岛附近。从脊椎动物化石的发现点来看，它们主要分布在沿岸岛屿附近或海底礁石附近，表明那里在动物生活时期有可能存在稀疏草原环境，或在海底沙漠环境中也存在小小的绿洲。

在世界各地，除了不断地找到猛犸象化石以外，还在西伯利亚一带不时地发现其他动物尸体。例如，2005 年春，一位俄罗斯猎人在靠近极圈的西伯利亚茫茫雪原上打猎，一不小心，被一个凸起的东西绊倒了，当他清除覆盖在其上的冰雪时，看到的竟是一只被冻僵了的巨大古老动物的头颅和长牙，这是一头完整而僵硬的猛犸象！这头猛犸整个身体坐在粗大的后腿上，一只前腿高高抬起。让人吃惊的是，在这头猛犸象的嘴里，还残留着待咽的毛茛。这说明，数万年前，这只猛犸象正在悠闲地吃着青草，气温突然急剧降低，它还没来得及吞下嘴里的草，便一下子被永恒地冻结在历史中。经过初步的研究之后，科学家推测，要冻僵一头巨大的猛犸象，气温起码要在顷刻间下降到零下 65℃ 左右。后来，这只被冰封了 30 000 年的猛犸象被"解救"了出来，由俄罗斯空运到日本，作为基因的来源，科学家希望通过对这只象进行克隆，能够让冰河时期的庞然大物重现在我们现今的世界上。对它的毛发、骨骼和牙齿的初步分析表明，这头巨兽死于大约距今 30 380 年前，它的体积之大证明它是一头雄性猛犸象。这头猛犸象身上披着栗色的长毛，脚部毛长 22.5cm，胸腹部毛长 41cm。在西伯利亚发现的这头猛犸象是大自然给我们留下的最为完整、最为具体、最为清晰的冰河时代的古动物尸体。

六、喜冷动物群与环境变化的关系

代表冰缘气候的喜冷动物群披毛犀（*Coelodonta antiquitatis*）、猛犸象（*Mammuthus primigenius*）等化石，在松辽平原、山东半岛及渤海、黄海和东海陆架区时有发现，甚至在北回归线以北也发现了它们的踪迹。

在最后冰期期间，今天的黄海和东海大部分裸露，新露出的陆地成为猛犸象活动的新天地。大批猛犸象从世袭的领地向南迁移，到达辽阔的中国黄海、东海陆架大平原。猛犸象在海退后的陆架大平原上，经常遇到沙丘与沙海，因不适宜生存继续南迁，猛犸象必须克服漫长的沙漠、沙丘、黄土、沙海，寻找冰缘动物群生存必须依赖的冰缘苔原，有的家族竟远游到福建沿海一带。值得注意的是，猛犸象迁徙的路径正是东路寒潮南下的路径。事实上，在中国东路寒潮的通道上，从北至南，北起黑龙江、辽宁，经山东、江苏、浙江，直到福建一带都找到了猛犸象化石，可见冰期时期寒潮主要路径的东移对中国东部环境变化产生了多么大的影响！当中国猛犸象群沿着陆架大平原南下时，北美洲的猛犸象群只到 40°N 左右，比我国偏北约 15°。这一事实证明：最后冰期时期我国东部气候严寒，冰缘气候的南界比北美大陆偏南，可能抵达北回归线附近，与目前我国冰缘冻土南界（50°N 左右）相比，相差达 25°。随着最后冰期的结束，世界气候转暖，两极和高纬度的高山冰川开始逐渐融化，大量融水又回归海洋，洋面再度升起，许多陆架海再度形成。冰期时期陆架海退形成的沙漠、砂石与沙海，不断地被升起的海水所淹没。冰缘动物群生存必须依赖的冰缘苔原植被的分布范围不断萎缩，披毛犀、猛犸象等大型哺乳动物的生存空间日渐减少。未逃离的猛犸象等大型哺乳动物，只好退到地势较高的岗丘暂且栖身。随着海面的进一步抬升，猛犸象等所赖以避难的岗丘也为海水所围，形成孤岛。猛犸象难以适应湿热气候，艰难地渡过最后的时光，最终葬身海底或海底岗丘上，代表了一个时代的结束和新时代的开始。它们的遗骨成为今日恢复古环境的重要依据。据报道：2019年 1 月，山东临淄村民在淄河河床散步时，无意中发现了一块猛犸象臼齿化石。该臼齿化石长 75mm，臼齿齿面 24 ～ 26mm，重 125g，见图 7-41。此外，山东长岛、济南、青岛、临沂、高密等地发现过猛犸象骸骨。

图 7-41　山东临淄发现的猛犸象臼齿化石

第六节　冰缘环境中人类文明的变动

通过对多个钻孔的分析，在渤海地区献县海侵所留下来的地层中，发现了 8 种暖水种软体动物"化石"，如雪蛤属（包括依萨伯利雪蛤、短齿蛤）、骨螺属、斧蛤属、笔螺属、镜蛤属等，它们生活的环境需要年平均水温在 18 ～ 20℃以上，相当于现代福建以南的海域，这表明献县海侵时的水温远高于现在。这意味着那时候在北京一带的气候条件已接近于现代的广州地区，非常适合人类的生存与繁衍。在距今39 000 ～ 23 000 年，中国东部发生了大范围的海侵过程，海岸线到达现在河北省献县一带，因而此次海侵被称为"献县海侵"。

20 世纪 30 年代，裴文中先生在北京西南 50 多千米远的周口店地区发掘出华北旧石器时代晚期的人类化石。由于化石发现地位于北京周口店龙骨山北京人遗址顶部的山顶洞，因而该处古人类被命名为"山顶洞人"。当时，与古人类化石一起出土的还有石器、骨角器和穿孔饰物。据放射性碳测年断代，这些遗物的出现年代为距今 3 万年左右，在地质年代上为晚更新世末期，恰好是献县海侵发生的时代。山顶洞人处于母系氏族公社时期，女性在社会生活中起主导作用，并按母系血统确立亲属关系。在山顶洞人的洞穴里还发现了一些有孔的兽牙、海蚶壳和磨光的石珠，大概是他们佩戴的装饰品。山顶洞文化属于旧石器时代晚期的文化。

温暖的亚间冰期结束以后，逐渐进入冰期时代，频繁出现的寒潮，把北冰洋一带低温气流直接输送到低海拔、低纬度地区。事实上，冰期时期形成的主要冰川都是低海拔的，如北美洲的劳伦泰德冰原、冰岛冰原和格林兰冰原，以及欧亚大陆北部的斯堪的纳维亚冰原和中国东部的低海拔型冰川群；间冰期来临，它们又都逐渐退去，冰川的盛衰变化引起全球海面升降变动和旧石器时代人类居住地的西迁东移，留下了众多的古冰川遗迹和人类活动的遗址，供我们不停地去探索。

冰期时期源自北方的寒潮活动南下通道上的大青山、太行山、阴山、燕山、泰山、崂山、峄山、蒙山、云台山、庐山、天目山等地都发育了冰川。十分明显，当冰川发育之际，我国东部低山丘陵区成为全球最冷的中纬度地区，那时的海面要随全球海面的降低而降低。极度寒冷的气候、逐渐离去的海岸、简陋的洞穴环境，使旧石器时代的人群无法生存下去，他们只好逐渐向西迁徙，去寻找适合生存的地域。冰期环境迫使他们离开居住地，标志着一个时代的结束和新时代的开始。那时的西部区域（山西、陕西、甘肃、青海等地），因不再是寒潮活动的通道，温度要相对适合动物、植物的繁衍和人类的生存，于是先民就在那里与当地的人群，在窑洞中居住、在黄土地上种植、狩猎，度过漫长而又寒冷的冰期时期。先民在西部度过漫长而持久的旧石器时代，终于等到了温暖时代的来临。全球气候从距今 15 000 年开始进入冰消期。冰期时期形成的那些低海拔的劳伦泰德冰原、欧亚大陆北部的斯堪的纳维亚冰原、中国东部的低海拔型冰川群都逐渐消退，引起世界洋面再度回升。在洋面回升过程中，寒潮源地逐渐向西偏移，恢复到间冰期时期的路线。全球气候进入到第四纪的全新世。全新世被划分为三个时期，分别是格陵兰期（距今 117 000 年）、诺斯格瑞比期（距今 8300 年）和梅加拉亚期（距今 4200 年）。在梅加拉亚期，从 4200 年前一直持续到现在，标志这个时期开始的是一场全球大旱，这场旱灾的影响持续了两个世纪，严重破坏了埃及、希腊、叙利亚、巴勒斯坦、美索不达米亚、印度河河谷和长江流域的文明，它很可能是由海洋和大气环流的变化所引发的。

据王巍研究，现代人的起源也是国际人类学界和考古学界一个长盛不衰的热点课题。世纪之交，国际遗传学界有人提出一个假说：全世界各地的现代人都来自东非，在距今 $10 \times 10^4 \sim 5 \times 10^4$ 年，一部分早期现代人走出东非，向世界各地扩散，取代了原来在世界各地生存的古人类，成为全世界现代人共同的祖先，这就是著名的"夏娃理论"。

"夏娃理论"的支持者对东亚地区现代人本地起源说提出反驳意见，他们认为，距今大约 10 万到四五万年是一个非常重要的时段，而中国恰恰欠缺该时段遗址的发现，存在着所谓的"空白期"。既然存在这样一个"空白期"，怎么能说本地传统延续下来了呢？他们认为，这个"空白期"的存在，正好印证了他们所谓的生活在世界其他地域的古人类灭绝，来自东非的现代人祖先取而代之的观点。

而实际上，这一时期正是北冰洋寒冷气流向中国东部低海拔地区扩散时期，也正是北半球第三冰原发展时期，古人类无法生存，有的人群消失了，有的人群西迁了。105°E 以西的部分地区是无寒潮活动区，有的种群能得以繁衍生存。从距今 39 000 年开始，全球气候进入最后冰期中的亚间冰期时期，部分冰川消退，海面升起，中国发生献县海侵，部分西迁古人的后代又回到东部，以周口店发现的山顶洞人为代表。

第八章

北半球第三冰原的冰臼

第一节　全球气候持续变暖

一、气温升高

地质学界的许多研究者认为：距今 6000 年的高海面与当时的高温期相对应。那时的年平均温度较现在高 2～3℃，当时的海面比现在要高 4～6m，这似乎可以得出结论：全球气温每升高 1℃，世界洋面升高 2m。根据世界各地气温统计的资料，近百年来的平均温度升高了 0.5℃，世界洋面升高了 0～25cm。从全球许多气象台站的观测记录来看，1949～1952 年的平均温度比 1901～1930 年明显升高。北美东部、南美与加拿大草原地区近几十年来也存在明显的增温现象。斯德哥尔摩 1757～1942 年 1 月温度升高 2.5℃。南美秘鲁北部山区年平均气温升高 5℃。斯匹茨卑尔根岛从 1930 年到 1938 年，年平均温度升高 1.5～3.5℃。根据近百年来我国沿海地区的温度记录，上海以北的几个沿海大城市的气象记录显示，温度上升趋势已经十分明显，年平均温度大约上升了 0.5℃；而上海以南的记录显示，温度变化比较缓慢，在同期内大约上升了 0.1℃。由此看来，在不同地区和不同的气候带，温度升高的幅度是不同的。中国沿海地区气温变化的总趋势与世界其他地区类同。

世界气象组织确认：全球气候呈变暖趋势，过去 100 年中，全球平均地面温度已升高 0.3～0.6℃，与中国沿海地区的观测记录相近。如果人类不能有效地控制二氧化碳、氟利昂和一氧化碳等温室气体的排放，未来的 40 年，温室效应可能造成地表气温升高 2.5℃，这是政府间气候变化专门委员会在 1990 年《全球气候评估报告》中提出的数据，这一警告应当引起联合国、各国政府及有关科学家的重视。2001 年春季以来，世界各地相继出现了异常高温和少雨的天气，尤其是朝鲜半岛和中国东北部旱情非常严重，日本 4 月也破纪录地少雨。如果今后二氧化碳的浓度升高，异常天气出现的频度似乎将进一步增高。据日本气象厅的全球异常气象监视快报，2001 年 5～6 月亚洲、欧洲和北美洲等地出现了超过常年 3℃以上的高温天气，降雨量也不到常年的一半。印度和巴基斯坦接连出现酷暑致人死亡的现象，北美洲还发生了大规模的森林火灾。

近年，在亚洲，朝鲜半岛、中国的东北和华北地区旱情特别严重。地球变暖被认为是引起异常天气的主要原因。据研究气象变动和火山活动的防灾科学技术研究所预测，如果今后每年大气的二氧化碳增长 1%，过去 200 年间没有过记录的大规模的少雨、高温、洪水发生的概率将升高。从日本春季的情况看，估计少雨天气在北海和本州的太平洋一侧最多每 10 年出现一次，高温基本上每年都可能在日本发生。该研究所的米谷研究员警告说："由地球变暖引起的异常天气今后将会增加。这是由于气温上升，气压和风向也发生了变化，含有水蒸气的空气进一步发散。以东亚为中心的地区可能因空气发散而少雨。"他分析认为，特别是日本，今后春季少雨、夏季暴雨的天气将会增多。

丹麦和格陵兰地质调查局（GEUS）气象专家詹森·博克斯表示："北极气候系统正从 20 世纪的状态向一个前所未有的方向发展，这不仅会影响北极内部，还会影响全球气候。"

由于北极大气变暖的速度比世界其他地区都要快，欧洲、北美洲和亚洲的气候模式会趋于单一，极端天气也将增多。同时这种变化也会破坏洋流，并进一步破坏气候稳定，整个欧洲西北部地区将会更加寒冷，风暴也会更加剧烈。

二、海水升温

在北海及北冰洋西部，1931～1950 年的水温较 1901～1930 年升高 0.4℃。来自世界各地的观测资料不断地证实，全球的水温也在稳定地升高。根据世界各地水温统计资料，近百年来海洋水温上升了 1.3℃。英国气候学家兰莫对过去的水温记录进行了研究，他认为大洋水温升高 1℃，相当于海面升高 0.6m。水温的升高使海水的密度发生变化，海洋上层的水体交换会影响一定深度的水层，使海洋水体产生热膨胀，海洋水体体积增大，导致海面升高，同样会形成灾害。

澳大利亚研究理事会合理利用珊瑚礁研究所的研究人员报告称，他们分析了 1985 年以来的卫星数据，发现有"明显证据证明"大堡礁水域的大部分区域海水温度上升,其中南部水域海水温度上升了 0.5℃。研究人员认为,海水温度升高意味着珊瑚的死亡风险增大。

三、极地浮冰退缩

根据卫星监测及海图的对比,1973 ～ 1980 年南极夏季浮冰范围已明显缩小。在南极周围 60°W 至 100°E,20 世纪 30 年代的浮冰较现今的浮冰范围要大得多。1978 ～ 1987 年北极地区的海冰范围明显缩小,间隔为 2d 的卫星监测资料显示,海冰的范围在向北退缩,并在其边缘出现开阔水域。由于海冰向北退缩,海冰面积缩小 2.1%。20 世纪 80 年代阿拉斯加春季雪盖的消失时间比 40 年代和 50 年代大约早两周。过去对南极冰流的变化了解极少,最近根据卫星监测及海图的对比,对南北极冰雪的变化已发现新的论证。Kukla 等(1988)认为,1973 ～ 1980 年南极夏季浮冰范围已减少 $2.5 \times 10^6 km^2$。至于北半球,在 55° ～ 80°N 区域,1974 ～ 1978 年春、夏季近地面平均气温较 1934 ～ 1938 年尤高。这种气温异常现象,可能反映地球大气中 CO_2 含量的增高。近几十年的世界气温变化及其对海面的影响正引起有关科学家的重视。据我国及其他国家气候记录,20 世纪 30 年代气温最高,世界冰川大量后退,海面也呈现温暖期的迅速上升趋势;到 40 ～ 50 年代以后,北半球山岳冰川收支普遍趋向平衡,甚至有重新前进或产生新冰川的现象。但最近数十年海面的趋向,除构造运动影响地带外,却呈现上升。

四、河流结冰期缩短

据涅瓦河水温的记录,从 1910 年以来该河的封冻期已明显缩短。根据 1711 ～ 1950 年的资料,拉脱维亚境内的道加瓦河封冻期缩减了 2 个月,可见波罗的海沿岸的气温在明显升高,意味着全球气候的变暖。20 世纪 40 年代的冬季,江苏北部的河流年年封冻,人可以在其上通行,到了 80 年代这些河流不再有封冻现象了。

芬兰河水结冰越来越晚,冰裂越来越早,结冰期持续时间逐渐缩短。近几十年来,这一变化更为明显,极端性推迟结冰和极端性提早冰裂的年数均有所增加。2002 年之前,芬兰北部和中部最厚冰层的厚度呈增长趋势,而南部则呈减少趋势。2017 ～ 2018 年冬季观测到的最新数据显示,南部冰层变薄的趋势仍在继续,而北部和中部冰层则已停止增厚。在河流流量方面,近年来,冬春季水流量也一直呈持续增加的趋势。

五、南极冰山破裂入海

1986 年 9 月,南极半岛以东 600km 处的菲尔希纳冰架破裂成三座巨大的冰山,它们占据了方圆 $13\ 000 km^2$ 的水域,相当于整个北爱尔兰的面积。冰山漂浮到威德尔海,并在浅海海底沉积物中留下它们短暂停留时研磨的痕迹。其中之一的 A24 冰山自 1991 年初又开始向北面更暖的水域漂浮,1993 年 3 月已到达大西洋水域并在那里慢慢地融化。另外两座大冰山 A23 和 A25 也将漂浮到此。对菲尔希纳冰架来说,冰川前缘的前进和崩解的周期为 50 年,其他冰架如罗尼冰架、罗斯冰架和艾莫里冰架也可能有同样的周期。在一个相对小的区域上冰盖的逐渐缩小表明,该地区对气候变化特别敏感。例如,南极半岛的沃迪冰架在 20 多年以前曾覆盖 $2000 km^2$ 的面积,现在该冰架覆盖着相当于原来 1/4 的面积。拉森冰架和乔治六世冰架的变化也表明,冰盖的逐渐退缩与 20 世纪 50 年代以来南极半岛地区温度的上升有关。

六、南极、北极冰盖正在融化

设在挪威卑尔根的南森环境与遥感中心的奥兰约翰纳森等科学家认为:南极冰盖正在融化,北极海洋冰盖在过去 20 年里融化的速度更快,显示全球气候变暖和海面升高的迹象。他们分析了由两套不同的微波传感器得来的两组科学数据。第一组数据来自从 1978 ～ 1987 年飞行的"尼姆马斯 -7"号卫星,第二组数据来自 1987 年以来一直飞行的一颗军用气象卫星。因为微波能够穿透云层,所以可以用于测量极冰的变化情况。这两组数据分别经过处理,没有明显差异,对极地冰盖的融化得出一致的结论,南极冰盖每 10 年减少 1.4%。在过去 50 年内,南极地区的温度上升了 2.5℃。最近的卫星数据表明,北极冰架每 10 年的融化速度已从 2.5% 增加到 4.3%。

第二节 天山冰川正在萎缩

地球上残存的高山冰川在逐渐萎缩,亚洲中部俄罗斯与中国境内阿尔泰山、天山、帕米尔高原、祁连山有观察统计的 227 条冰川,在 20 世纪 50 年代末至 80 年代初有 73% 处于退缩状态。阿尔卑斯山的龙冰川近年来一直处于退缩状态,1959 ~ 1975 年平均以 6.5m/a 的速度后退。1955 ~ 1979 年外伊犁山脉的冰川作用面积缩小 13.7%,冰川总量减少 10.8%。冰川消融而产生的年径流总量大约从 $2.95 \times 10^8 m^3$ 增加到 $3.4 \times 10^8 m^3$,即相当于增加 15%(冰川消融而产生的年径流总量的增加,意味着冰川处于退缩状态)。那里的山地冰川融化速度如此之快,以致在未来 160 ~ 200 年有可能全部消失。中国境内高山冰川的进退情况为:在可比较的 224 条冰川中(94% 的冰川长度超过 2km),处于退缩状态的占 44.2%,处于前进状态的占 26.3%,还有 29.5% 的基本上处于稳定状态,变化不明显,它们多数由退缩减慢的冰川发展而成。天山乌鲁木齐河 1 号冰川在 1959 ~ 1988 年有 19 年处于退缩状态。总的来看,中国西部的高山冰川和其他地区一样处于萎缩状态。从冰川退缩的速度来看,多数冰川以每年 10m 的速度退缩,少数冰川的退缩速度超过 100m/a。这种情况与全球变暖的基本趋势一致。

天山的木扎尔特冰川海拔 3600m。木扎尔特冰川又称木素尔岭达坂,蒙古语的意思是"白冰川"。

木扎尔特冰川是很少有人涉足的冰川,冰川的融化,在不到 2km 宽的冰川上冲出了很多条既宽又深的冰沟,沟底咆哮的冰河水震耳欲聋。木扎尔特冰川南部冰洞的洞口有 100 多米宽,十分险要,在冰洞口东边的山坡上有黑色的房屋,有七八间用卵石修建的古代兵营和好几处掩体,在冰洞口最前端的一处绝壁上有一个碉堡,一看就知道那是当年的军事要塞,史书上记载的开凿"冰梯"处就在此。因为冰洞口两侧的峭壁根本无法通行,翻越冰川是唯一的通道。据推测,当年的要塞是建在冰川边缘,由于上千年来冰川的融化,掩体和碉堡都悬在了峭壁上。1959 年,本书作者赵松龄参加了中国科学院高山冰雪利用考察队六队,从天山南麓要穿过木扎尔特谷地,经过几天的沿途考察,终于到达了木扎尔特冰川前缘。那时冰川前缘非常陡,经常修理的冰梯每天都不一样,巨大的冰川洞口不停地咆哮着,不时发出穿云裂石之声。考察队 40 匹马的马队,在途中有 2 匹马从行进途中的陡坡上翻滚而下,跌入木扎尔特冰川融水所形成的木扎尔特河,还剩下 38 匹马、20 多人的队伍,如何过得去?幸好,那时的冰面上,住着一家维吾尔族人,夫妻两人的任务就是"引路"。为了让"引路"人知道,有马队和人群要经过冰川,考察队上负责保卫的两个年轻人,每人向空中放了一枪,听到枪声以后,年轻的维吾尔族人很快就下来了(也许他早就望见考察队伍了)。经过两三小时的奋斗,考察队员把 38 匹马依次带到冰面上,解决了在冰川前缘遇到的困难。为了答谢那两位维吾尔族人,考察队当晚在冰面上安置好帐篷后,拿出面粉,由维吾尔族人的妻子做了拉面,大家饱餐一顿,至今人们记忆犹新。那时的冰面上有许多不大的冰碛物,几乎要布满冰面,冰面上有许多"冰蘑菇"(那时,维吾尔族人住的房子,距离洞口所在冰川前缘有百米之遥),维吾尔族人住的房子,距离冰面的高度不会超过 5m。1959 年木扎尔特冰川的冰面上,可见很多的动物骨头,千百年来不知有多少马、驴等动物,被人类驱赶到木扎尔特冰川上,这是由于旅途已经耗尽了所带来的粮草,继续前进已无粮草补充,越过隘口仍然是漫长的冰川,不知多长才是冰川的尽头,先民无法带走它们,只好忍痛将其遗弃在此,因而它们最终成为老鹰的佳肴。1959 年木扎尔特冰川隘口以北的支冰川已经消失,一路下坡,山谷中的冰碛物很少,谷旁还残存一些"死冰","死冰"顶面的冰碛物上已经生长了高大的天山云杉,谷底长满青草,交通方便,考察队很快就走出谷底,进入天山北麓。

Merzbacher(1905)在木扎尔特支冰川见到一幅与考察队几乎在同一地点获得的照片,见图 8-1 和图 8-2,图 8-3 为 2011 年的木扎尔特支冰川。从三幅图的对比来看,木扎尔特支冰川已经明显退缩了。其他地方的冰川退缩还会露出冰臼来。

图 8-1　1902 年的木扎尔特支冰川（Merzbacher，1905）

图 8-2　1959 年的木扎尔特支冰川

图 8-3　2011 年的木扎尔特支冰川

　　由此可见，随着全球气候变暖、气温升高、冰川融化、海面升高的副产品——露出冰臼和冰臼群，地学界的无谓争论也减少了。

第三节　冰臼研究史

　　冰臼的基本形态为圆形，长期以来吸引众多的地质学家、冰川地质学家、旅行家对其形成的原因进行探索，提出种种猜想，时至今日仍不乏研究者。国外关于冰臼成因的研究起步较早，基本上从科学角度进行研究。在这个领域我国的研究起步较晚。由于国内关于东部低海拔地区是否发生过古冰川问题存在争议，因此当韩同林研究员提出冰臼与冰川有关时，就受到种种刁难，他们想方设法加以阻挠刁难与反对，提出种种非冰川说加以解释，似乎是只要不提冰川，其他任何解释都可以，如河流冲蚀说、风吹蚀说、晶洞说，更有甚者还有所谓负球状风化说等不一而足。由此可见，我国关于冰臼的发现与研究走了一段弯路。幸好，国内多数研究者仍坚持正确的认识，在中华大地上查找冰臼的存在。到目前为止，我国各省（区、市）均有关于冰臼的报道，与冰臼有关的旅游资源得到开发，理论研究正在逐步深入，有关低海拔地区的论著不断出现，李四光的低海拔山区存在古冰川活动遗迹的理论得到了证实，许多年轻的古冰川地质研究者已经意识到更新世期间的古冰川活动对中华大地产生过重要影响，并留下众多的遗迹，尚等待青年们去开发、研究和利用。

　　冰臼（glacial pothole）一词，由挪威人 Brøgger 和 Reusch 于 1874 年提出。从 19 世纪到 20 世纪中叶以前，在有关冰臼的地质著作中，只要提到冰臼，就将其与水流和水流的冲蚀作用联系在一起。随着大量调查资料的积累，研究者发现，那些位于山脊、丘顶、冰碛物顶部漂砾上的冰臼，与河流冲蚀活动并无关系。于是又产生了另一种推想，那些在现今的河床中存在的冰臼，可能不是现今的溪流冲蚀而成的，而是水流冲刷掉散沙后暴露出来的。冰臼究竟是如何形成的？从 19 世纪末期以来，地质和地理学家、冰川学家、考古学家、森林学家、旅行家等不断地关注冰臼的成因，提出了种种解释，归纳起来可分为两类：其一为人为因素形成；其二为自然因素形成。

一、人为因素形成冰臼

美国内华达山的花岗岩出露地区，发育大量奇异的岩盆，一直引起人们关注。众多岩盆被地质学家称作冰臼，而当地的印第安人则称之为浴盆、水池、洗衣盆、花岗岩盆和岩盆等。地质学家还发现，冰臼在花岗岩出露区最为常见，其外形多为圆状或不规则状。岩盆多单一或成双或成群出现。有些冰臼还带有明显的出水口，表明冰臼在形成过程中有稳定的水源补给和排水通道。据北美地区的调查，冰臼主要分布于南内华达山高海拔的针叶林带的广大地区。冰臼这种奇特的、近于圆形的地貌特征，吸引着不同行业的研究者去探索其成因，其中值得一提的是乔治斯图尔特，他在 *American Journal of Archaeology* 上首次描述了有关冰臼的成因。他认为：冰臼是人工形成的，而不是自然作用形成的。他猜测，印第安人在岩石上生火，然后将水浇于已被火烧热的岩石表面，再通过对岩石的捶击或碾磨将内表面打磨光滑而形成今日所见到的冰臼。

二、自然因素形成冰臼

为了探索冰臼的形成过程，1932 年亚历山大（Alexander）在实验室进行了下述实验：在直径为 8in[①] 的玻璃圆柱中，涡旋速度达到了 80 ～ 100r/min，只有极细砂从底部被托起了几英寸，因此可以看出在涡旋坑中，当深度超过直径，只有极少数的物质能被移走。亚历山大又使用一个大的玻璃烧杯和一些起到"磨蚀作用"的大理石碎块（或者小扁豆）进行了实验，以观察水的流动，或许水中还可以添加一些食用色素，以更鲜明地表现水在仿真"冰臼"中的流动形式，如图 8-4a 所示，亚历山大的实验利用玻璃烧杯和插入水中的一根水管，环流模式用黑色箭头来表示，水流通过中心的涡流流出。后来 Morgan（2002）又做了类似的实验，如图 8-4b 所示。水从右边进入、向下流入螺旋凹槽，然后围绕中心的突起基岩循环几次，从冰臼的中间射出（蓝色的箭头）。

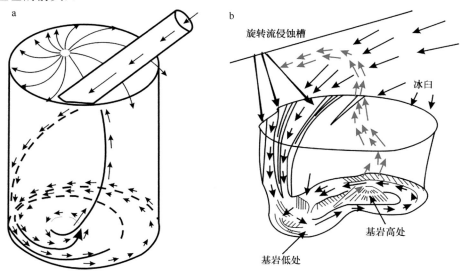

图 8-4　冰臼形成模拟试验与形成过程示意图

a. 引自 Alexander（1932）；b. 引自 Morgan（2002）

① 1in=2.54cm。

　　根据美国明尼苏达州泰勒瀑布附近发育的冰臼地貌，该地区冰臼是冰消期冰川融水挟带冰碛物冲蚀而成，图8-5展示了冰川融水挟带冰碛物进入冰臼底部的情况。进入冰臼的冰碛物作为工具在臼内旋转，在这种情况下，在冰臼底部就不容易形成"基岩高处"或者"旋转锥"。

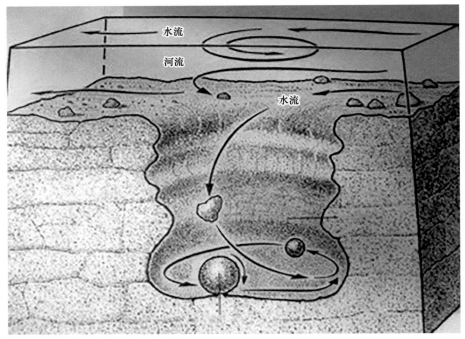

图 8-5　冰川融水挟带冰碛物进入冰臼示意图

　　上述两位研究者的实验证明，只有以某种角度向下流的水体，才能产生螺旋状水流，以快速旋转流的形式侵蚀冰层，并带着从冰层中获得的大小冰碛物，不停地向下钻进，最终到达更大的冰碛物上或者基岩上，经过数年或几十年、几百年甚至更长期的冲蚀，终于形成了各种各样的、千奇百怪的冰臼。由于旋转流钻进，冰臼的内壁带有明显的螺纹。2006年，Mikolajczyk也绘出了冰臼形成过程示意图（图8-6）。图8-6a为冰层下旋转流的初始阶段，图8-6b为旋转流的发展阶段，图8-6c为旋转流的加深与完善阶段，这时冰臼已经形成。实际上，在冰消期到来之际，这三个阶段是同时存在的，所以在冰臼发育区可以同时看到处于不同发育阶段的冰臼，在外观上显得坑坑洼洼、支离破碎。

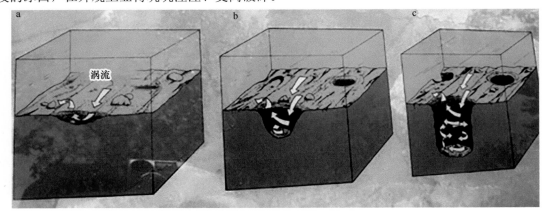

图 8-6　冰臼形成过程示意图

　　最近，萧关绘制了一套新图，来解释冰臼的形成过程，见图8-7，绘图者对冰臼的形成过程、对问题的认识已经超过国外研究者所绘制的示意图，看来，他对韩同林的观点了解比较深刻。

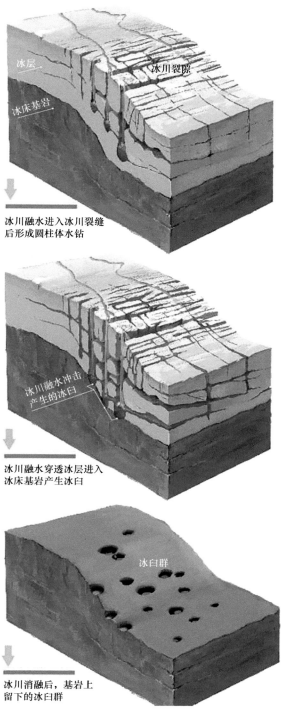

冰川融水进入冰川裂缝
后形成圆柱体水钻

冰川融水穿透冰层进入
冰床基岩产生冰臼

冰川消融后，基岩上
留下的冰臼群

图 8-7　冰臼形成过程示意图

三、冰臼内、外形成旋转球的过程

冰川表面的冰川融水汇集起来而形成冰水洞穴，如果带有旋转流的冰川融水遇到冰层中的漂砾，就可以对该漂砾进行冲蚀、旋转、再冲蚀、再旋转，而把原先的漂砾磨成圆柱形或者球形。也有可能因某种偶然因素，落入臼中的漂砾经冰川融水的长期冲蚀、旋转，既能作为工具使冰臼底部的锥体消失，又能使自身也磨成球形。图 8-8 为 Streiff-Becker（1951）绘制的冰臼与旋转球形成示意图，可以看出，冰臼的形成与冰洞中的旋转流活动有关。

芬兰人把冰川地区发现的圆形坑洞称为"魔鬼的搅拌盆"，将其形成过程绘制成图8-9，可以看出，冰臼是冰川融水在洞中形成旋转流冲蚀而成。

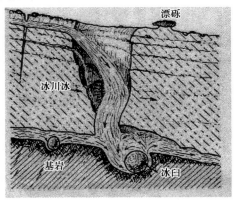

图8-8 冰臼与旋转球形成示意图（Streiff-Becker，1951）

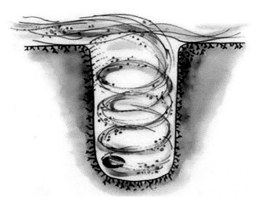

图8-9 冰臼——"魔鬼的搅拌盆"或"坑"示意图

综上所述，目前见到的大部分冰臼，是在大约一万年前在大陆冰原的边缘融化区形成的，由强大的融水流侵蚀岩石而形成。图8-10和图8-11为瑞士冰川公园中见到的冰臼和旋转球。

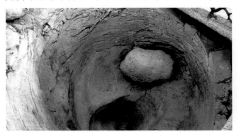

图8-10 瑞士冰川公园中旋转流形成的冰臼

图8-11 瑞士冰川公园中旋转流形成的旋转球

第四节 冰川与冰臼的关系

一、冰川表面出现冰洞

冰川发育到一定的阶段以后，在冰川舌上会出现冰洞。起初，来自冰面的冰川融水汇集在一起，不断融蚀集水下部的冰体，使冰面水池不断扩展增大、加深，最终形成冰洞；冰川融水也可能沿着裂隙往冰川深处移动，久而久之，融水通道展宽而形成。加拿大克莱门索山（Mt. Clemenceau）和美国阿拉斯加州马塔努斯卡冰川上发育大量的冰洞，见图8-12～图8-18。有时在一条冰川裂隙上也许有多个融水通道。进入通道的冰川融水，在地球自转和地心引力之下，逐渐形成旋转流。这种旋转流在冰层中，如果遇到冰内漂砾，可以使巨大的漂砾变成旋转球；如果旋转流冲蚀时间比较短，能把冰内漂砾转变成旋转柱；也有的冰川融水，未能出现旋转流，那么巨量的冰川融水，则会冲蚀出其他类型的微地貌，如半冰川"U"型石（冰椅石）等。只有深入冰川底部的旋转流才具备形成冰臼的条件。如果冰川底部是基岩，就在基岩上形成冰臼；如果冰川底部是漂砾，就在漂砾上形成冰臼；如果在基岩的陡坡附近，就会留下半冰臼。如果在冰臼形成过程中，冰川又前进了，就会出现两圆相切、相交或两圆相邻；也有可能第一批冰臼形成了又被冰川覆盖了；在冰川前进以后，在其前缘又形成第二批冰臼等，等到冰川消退后，就会出现大批冰臼，而为冰臼群了。

图 8-12　加拿大克莱门索山（Mt. Clemenceau）冰川上的
冰洞之一

图 8-13　加拿大克莱门索山（Mt. Clemenceau）冰川上的
冰洞之二

图 8-14　加拿大克莱门索山（Mt. Clemenceau）冰川上的
冰洞之三

约1m

图 8-15　加拿大克莱门索山（Mt. Clemenceau）冰川上的
冰洞之四

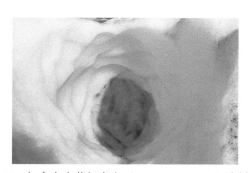

图 8-16　加拿大克莱门索山（Mt. Clemenceau）冰川上的
冰洞之五

图 8-17　美国阿拉斯加州马塔努斯卡冰川上巨大的冰洞口

图 8-18 美国阿拉斯加州马塔努斯卡冰川上的圆形冰洞口

二、冰川退缩露出冰臼

在美国阿拉斯加州马塔努斯卡冰川附近，随着气候变暖，冰川后退，冰川底部基岩上发育大量冰臼。图 8-19 ～图 8-26 清晰地表明，冰臼形成于冰川底部，由自上而下的旋转流冲蚀而成，所以正常发育的冰臼都是明显的圆形，不能形成旋转流的地方，则会形成其他类型的冰蚀微地貌。近百年来，发生全球性的温度升高，许多冰川已经维持不下去了，于是就不断变薄、缩短，最终露出圆形冰臼。图 8-24 为美国马萨诸塞州谢尔本福尔斯冰川谷中露出的圆形冰臼，图 8-25 为挪威西部约斯特达尔冰川谷中露出的圆形冰臼，冰臼与冰川的关系应该是一目了然了。

图 8-19 美国阿拉斯加州马塔努斯卡冰川完全融化前的冰臼

图 8-20 美国阿拉斯加州马塔努斯卡冰川谷中露出的圆形冰臼之一

图 8-22　美国阿拉斯加州马塔努斯卡冰川谷中露出的圆形
冰臼之三

图 8-21　美国阿拉斯加州马塔努斯卡冰川谷中露出的圆形
冰臼之二

图 8-23　美国阿拉斯加州马塔努斯卡冰川谷中露出的圆形
冰臼之四（死冰还存在）

图 8-24　美国马萨诸塞州谢尔本福尔斯冰川谷中露出的
圆形冰臼

图 8-25　挪威西部约斯特达尔冰川谷中露出的圆形冰臼

图 8-26　美国德纳里公园南森附近发育的冰臼

第五节　北半球三大冰原地区旋转流形成的冰臼

北半球的三大冰原处于不同的纬度，具有不同的岩性，却形成了许多类似的共性微地貌特征。现将北半球三大冰原的冰臼、旋转锥、旋转球和旋转柱的形态特征分述如下。

一、第一冰原——劳伦泰德冰原

（一）冰臼

劳伦泰德冰原和美国西部山地、意大利、加拿大等地的冰川退缩以后，露出多种类型的冰臼与半冰臼，它们有的以个体形式出现，有的以群体方式分布，它们都是冰下融水长期冲蚀而成。图 8-27～图 8-37 为冰原后退后露出的冰臼。

图 8-27　美国劳伦泰德冰原消退后露出的冰臼之一

图 8-28　美国劳伦泰德冰原消退后露出的冰臼之二

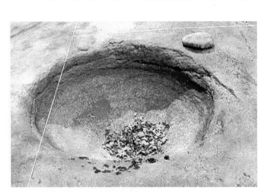

图 8-29　美国劳伦泰德冰原消退后露出的冰臼之三

图 8-30　美国劳伦泰德冰原消退后露出的冰臼之四

图 8-31　美国劳伦泰德冰原森林地区的冰臼

图 8-32　意大利伯尼纳冰川消退后露出的又被冰碛物充填的冰臼

图 8-33　加拿大哈得孙湾附近冰川消退后露出的冰臼群

图 8-34　美国劳伦泰德冰原消退后露出的带旋转球的冰臼

图 8-35　美国劳伦泰德冰原消退后露出的冰臼与半冰臼群

图 8-37　美国劳伦泰德冰原消退后露出的半冰臼之二

图 8-36　美国劳伦泰德冰原消退后露出的半冰臼之一

（二）旋转锥

旋转锥的出现，表明当地存在自上而下的冰川融水，融水形成的旋转流直接冲蚀基岩而形成旋转锥，见图 8-38 和图 8-39。

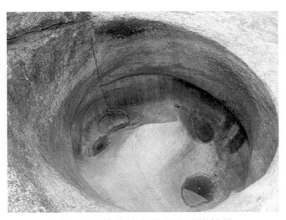

图 8-38　格陵兰岛的基岩型旋转锥

图 8-39　加拿大冰臼中的旋转锥

（三）旋转球

如果冰洞内的冰川融水长期不断地冲击冰层中的漂砾，在特定的环境背景下，就会形成磨圆度非常高的旋转球。美国劳伦泰德冰原消退地区的圆球见图 8-40 ～图 8-42。

图 8-40　美国劳伦泰德冰原消退地区发育的旋转球之一

图 8-41　美国劳伦泰德冰原消退地区发育的旋转球之二

（四）旋转柱

世界各地由冰川融水形成的旋转柱可分为两种类型：其一为漂砾型旋转柱，也称次生旋转柱；其二为基岩型旋转柱，也称原生旋转柱。图 8-43 为漂砾型旋转柱，这种类型的旋转柱也可理解为形成旋转球的半产品，它为冰川中的漂砾经冰川融水磨蚀而成。

图 8-42　美国劳伦泰德冰原消退地区发育的旋转球之三

图 8-43　美国威斯康星州的漂砾型旋转柱

二、第二冰原——斯堪的纳维亚冰原

（一）冰臼

　　冰川学中冰臼的起源应该归因于大量冰融化产生的水和由它运输的物质，硬的、中等大小的巨石和较轻的、较小的材料都发挥了重要作用，尤其是高速水流挟带的沙子在冰和岩石之间狭窄的空地上承受着非常高的压力，充当了非常强大的研磨剂。这些过程和使它们成为可能的条件的综合存在是相当罕见的，在阿尔卑斯山可以找到的冰臼也是如此。在斯堪的纳维亚冰原退缩后，露出许多非常壮观的巨型冰臼，它们多分布在低海拔的海岸附近，见图8-44～图8-51。

图 8-44　英国斯堪的纳维亚冰原活动区的典型冰臼之一

图 8-45　英国斯堪的纳维亚冰原活动区的典型冰臼之二

图 8-46　芬兰斯堪的纳维亚冰原活动区的典型冰臼之一

图 8-47　芬兰斯堪的纳维亚冰原活动区的典型冰臼之二

图 8-48　芬兰斯堪的纳维亚冰原活动区的典型冰臼之三

图 8-49　意大利卡瓦利亚冰川花园（斯堪的纳维亚冰原）
活动区的圆形冰臼

图 8-50　芬兰斯堪的纳维亚冰原活动区的双冰臼

图 8-51　斯堪的纳维亚冰原活动区的半冰臼

（二）旋转锥

在芬兰、瑞典等斯堪的纳维亚冰原活动区发育大量的基岩型旋转锥，即原生旋转锥，见图 8-52 ～图 8-54。

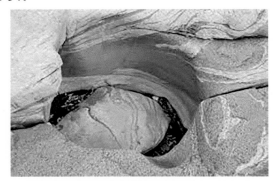

图 8-52　芬兰斯堪的纳维亚冰原活动区的基岩型
旋转锥之一

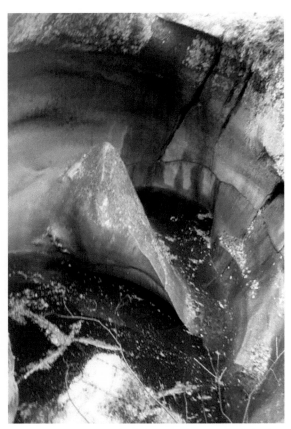

图 8-53　芬兰斯堪的纳维亚冰原活动区的基岩型
旋转锥之二

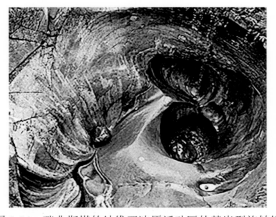

图 8-54　瑞典斯堪的纳维亚冰原活动区的基岩型旋转锥

（三）旋转球

斯堪的纳维亚冰原的旋转球可分为两类：原生旋转球和次生旋转球。原生旋转球是指冰川融水切断旋转柱，并将其磨成圆球形；次生旋转球是指外地被冰川搬运而来的漂砾在冰洞中经长期磨蚀而成圆球形，这种旋转球在冰川消亡后可以落在地面上，也可以落入冰臼中。图 8-55 ～图 8-61 为欧洲各地发现的原生旋转球。

图 8-55　芬兰斯堪的纳维亚冰原的原生旋转球之一

图 8-56　芬兰斯堪的纳维亚冰原的原生旋转球之二

图 8-57　瑞士卢塞恩冰臼中的旋转球之一

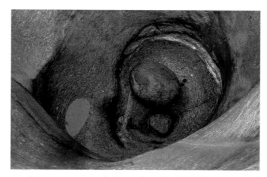

图 8-58　瑞士卢塞恩冰臼中的旋转球之二

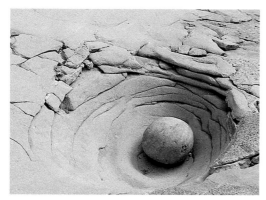

图 8-59　瑞士卢塞恩冰臼中的旋转球之三

图 8-60　瑞士卢塞恩冰川花园发育的旋转球

图 8-61　克罗地亚发育的次生旋转球

冠军岛是法兰士·约瑟夫地群岛（Franz-Josef Land）中的一个岛屿，原属于斯堪的纳维亚冰原范围。法兰士·约瑟夫地群岛属于俄罗斯，是往返北极途中最主要的可登陆地点，整个群岛位于 $80° \sim 82°N$，几乎都在第四纪冰川覆盖之下，而冠军岛正处于群岛的中间位置，其面积为 $374km^2$，岛上最高点为507m，西南部有一片宽阔的非冰雪地，岛上有许多旋转球，它们都属于次生旋转球，见图8-62和图8-63是其中之一。

图8-62　冠军岛上的次生旋转球

图8-63　挪威发现的旋转球

（四）旋转柱

漂砾型旋转柱见于波兰，如图8-64～图8-65所示。该旋转柱属于次生类型。

图8-64　欧洲发育的基岩型（原生）旋转柱

图8-65　意大利卡瓦利亚冰臼中的次生旋转柱

三、第三冰原——中国东部低海拔冰原

中国东部低山丘陵区发现了大量冰臼，这种特殊而典型的第四纪冰川遗迹分布在中国东部几乎所有的中低山地的山巅、峰顶、谷底等位置。

（一）冰臼

2010年10月，在北京市延庆县大庄科乡的白龙潭发现了巨型冰臼。该巨型冰臼的发现，证明了冰臼形成过程中的旋转流理论是正确的。在白龙潭桥下，四周草木丰茂，一条小溪从谷底流过，与普通山谷并无区别。白龙潭地理坐标为（40°24′51.42″N，116°14′38.22″E），海拔477m。最大口宽为20m，最深为18m，由坚硬的花岗岩组成。最初该冰臼也属于充填型冰臼，当冰川消退以后，其又被冰川融水带来的冰碛物充填，当地居民并不知道，一个偶然的机会竟清理出世界最大的冰臼，见图8-66。

天波池位于山东崂山华严寺景区那罗延窟西方的望海岭之巅，海拔370m。天波池西侧和北侧皆为悬崖绝壁，只有东面和南面还可攀爬，但也很陡峭险滑。明朝黄宗昌在《崂山志》中称之为"天池"。天波池乃崂山内规模最大的水盆，面积约13m²，水深约0.5m，池水久旱不枯，池中水草丛生，时常有鸟儿光顾，见

图 8-67。据考察，崂山有 100 多个大小不一、形状各异、不同海拔的冰臼，有的海拔不足 10m，有的海拔近千米，或置于山巅或栖于谷中，它们的基本形态为圆形，表明它们是在旋转流的作用下形成的。

图 8-66　北京延庆正在清理中的巨型冰臼

图 8-67　崂山天波池

罗田县位于湖北东北部、大别山南麓，罗田县面积为 2144km²，地理坐标为（30°35′ ~ 31°16′N，115°06′ ~ 115°46′E），东邻英山县，南连浠水县，西与团风县、麻城市接壤，北与安徽金寨县交界。罗田县内有五大水系，大小河流 501 条，共 2186km，其中 5km 以上的河流有 97 条，共 580km。罗田县内冰臼分布甚广，表明冰期时期曾被冰川覆盖，冰川消退以后，露出了众多的冰臼，见图 8-68 ~ 图 8-71。

图 8-68　湖北罗田县冰臼

图 8-69　江西遂川县高山冰臼

图 8-70　江西庐山冰臼

图 8-71　台湾龟吼海岸冰臼

（二）旋转锥

北京延庆白龙潭巨型冰臼的底部带有螺旋锥体，也就是原生旋转锥，见图 8-66 和图 8-72。

图 8-72　北京延庆白龙潭带有原生旋转锥的巨型冰臼底部

广东河源发育带有旋转锥的冰臼，也是原生旋转锥（图 8-73）。重庆梁平发育带有原生旋转锥的冰臼（图 8-74）。

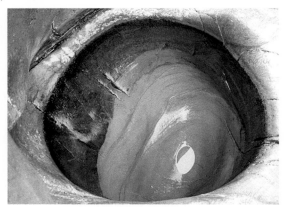

图 8-73　广东河源带有旋转锥的冰臼

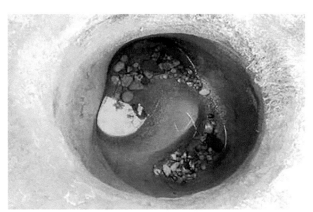

图 8-74　重庆梁平带有旋转锥的冰臼

内蒙古大青山的山巅之上，有百余个冰臼，其中最大的一个冰臼长 10m、宽 5m、深 3m，当地人称之为"九缸十八锅"（图 8-75）。

在四川山谷中，也可见到带有旋转锥的冰臼，见图 8-76。

图 8-75　内蒙古大青山带有原生旋转锥的冰臼

图 8-76　四川山谷中带有旋转锥的冰臼

（三）旋转球

在第一冰原和第二冰原见到的旋转球，在中国内陆也同样可见到。例如，据中国地震局地壳应力研究所李德文研究员介绍，他对这种地貌形态的成因一直抱有浓厚的兴趣，猜测其可能与受限环境剪切流内刚性颗粒的旋转有关，具体成因有待深入研究。珠穆朗玛峰绒布寺冰川次生旋转球（李德文研究员提供资料，海拔约6000m）见图8-77。陕西周至县殿镇村旋转球（中国科学院地球环境研究所鲜锋提供资料，海拔在千米以内）见图8-78。

图 8-77　珠穆朗玛峰绒布寺冰川次生旋转球

图 8-78　陕西周至县殿镇村旋转球

舟山群岛中的桃花岛塔湾景区内，也就是龙珠滩海边，"东海神珠"重约千斤，直径为80cm。从海岸环境变迁的角度来看，刻有"东海神珠"和刻有"龙珠滩"石头均为古冰川漂砾，形成"东海神珠"的那块漂砾较小，经过古冰川融水自上而下的冲击，正如许多冰臼一样底部存在圆球，为非常典型的因冰川融水的不断冲击而形成的圆球，见图8-79。而"东海神珠"形成过程中，主要动力是冰川融水的冲蚀，由于它目前位于高潮线附近，非常容易被误认为是海浪冲蚀形成的。其实，海浪在高潮线附近，它的能量已接近消失，特别是从岩石缝隙中被冲上来的水流，主要是上下运动，并无能力把千斤重的岩石托起并形成旋转运动（该旋转球属于次生类型）。图8-79为景区"东海神珠"的存在，再次证明中国东部存在低海拔型古冰川活动（有点遗憾的是，原始景观已被改动）。

图 8-79　浙江舟山"东海神珠"

江西赣州崇义县发育典型冰川融水冲蚀地貌。漂砾如果落入冰臼中，在旋转流的作用下，就被磨成球状，一旦冰川融化，球也就落入臼中，所以在过去的冰川活动区，能见到非常圆的孤立存在的球体，见图8-80和图8-81。山东日照挖出的次生旋转球见图8-82。在四川关门镇冰臼群中，发现了带有旋转球的冰臼，见图8-83。

图 8-81 江西赣州崇义县臼底次生旋转球之二

图 8-80 江西赣州崇义县臼底次生旋转球之一

图 8-82 山东日照挖出的次生旋转球

图 8-83 四川关门镇带有旋转球的冰臼

（四）旋转柱①

1. 台湾野柳

野柳地质公园（Yehliu Geopark）位于台湾新北市万里区，野柳是突出海面的岬角（大屯山系），长约1700m，古冰川活动和现代海蚀风化及地壳运动等作用造就了冰臼、海蚀洞沟、蜂窝石、烛状石、豆腐石、蕈状岩、溶蚀盘等绵延罗列的奇特景观，其中最为典型的地貌是冰臼带有原生旋转锥，见图 8-84～图 8-88。

———————————

① 本书以基岩型（原生）旋转柱为例。

图 8-84 台湾野柳基岩型（原生）旋转柱之一

图 8-85 台湾野柳基岩型（原生）旋转柱之二

图 8-86 台湾野柳基岩型（原生）旋转柱之三

图 8-87 台湾野柳基岩型（原生）旋转柱之四

图 8-88 台湾野柳基岩型（原生）旋转柱之五

2. 湖南桂东县东山

桂东县隶属于湖南郴州市，位于湖南东南部。桂东县平均海拔 881m，全县海拔超 1500m 的高山有 471 座，该县是湖南平均海拔最高的县。桂东县内冰臼众多，为待开发的旅游区，见图 8-89 和图 8-90。

图 8-89 湖南桂东县东山基岩型（原生）旋转柱之一

图 8-90 湖南桂东县东山基岩型（原生）旋转柱之二

3. 其他山区保存的旋转柱

其他山区保存的基岩型（原生）旋转柱见图 8-91～图 8-96。

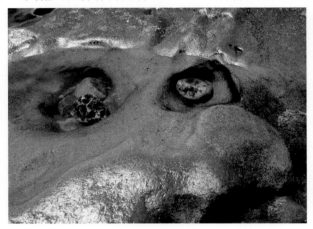

图 8-91 福建白云山基岩型（原生）旋转柱之一

图 8-92 福建白云山基岩型（原生）旋转柱之二

图 8-93 福建白云山基岩型（原生）旋转柱之三

图 8-94 福建白云山基岩型（原生）旋转柱之四

图 8-95 福建长乐区基岩型（原生）旋转柱　　图 8-96 湖北罗田县基岩型（原生）旋转柱

根据冰臼中是否形成旋转柱将冰臼分类，见表 8-1。

表 8-1 冰臼分类表

（基岩型）冰臼	带旋转锥	旋转流形成的微地貌
	不带旋转锥	
	带旋转球	
	带基岩型（原生）旋转柱	
	带漂砾型（次生）旋转柱	
	带旋转纹	
	充填部分碎石	
	带有盖石	
	沉积岩上冰臼	
（半冰和半基岩型）半冰臼	带旋转锥	
	不带旋转锥	
	带旋转球	
（冰型）冰臼	球形漂砾	
	半球型漂砾	
	柱型漂砾	
其他类型微地貌	冰椅石	非旋转流形成的微地貌
	上凸型双向冰椅石	
	下凹型双向冰椅石	
	冰川融水侵蚀槽	
	多条平行冰川融水侵蚀槽	
	残存直上直下型冰川融水侵蚀槽	
	基岩面上的小河道	
	冰消期瀑布遗迹	
	融水侵蚀、冲蚀磨光面	
	多种类型象形石	

第六节 第三冰原冰臼群的分布

一、南方典型冰臼

（一）海南典型冰臼

海南吊罗山国家森林公园海拔 1499m，差不多与泰山同高，在那里也有冰臼，见图 8-97～图 8-99。

图 8-97 海南吊罗山冰臼之一

图 8-98 海南吊罗山冰臼之二

图 8-99 海南吊罗山冰臼与半冰臼

（二）广东典型冰臼

广东地处中国南部，东邻福建，北接江西、湖南，西连广西，南邻南海，珠江口东西两侧分别与香港、澳门接壤，西南部雷州半岛隔琼州海峡与海南相望。广东地理坐标为（20°09′～25°31′N，109°45′～117°20′E）。在纬度如此低的位置都能形成和保存良好的冰臼与冰臼群，由此可得知冰期时期中国东部低海拔型冰川的规模与范围，见图 8-100～图 8-104。

图 8-100 广东新会冰臼之一

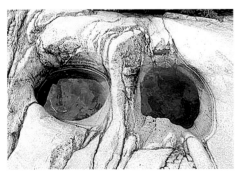

图 8-101 广东新会冰臼之二

图 8-102　广东乳源冰臼

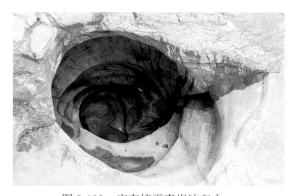

图 8-103　广东饶平青岚冰臼之一

图 8-104　广东饶平青岚冰臼之二

（三）广西典型冰臼

　　广西地理坐标为（20°54′～26°24′N，104°26′～112°04′E），北回归线横贯中部，接邻省份有广东、湖南、贵州、云南，并与海南隔海相望。广西也可找到冰臼，见图 8-105。

图 8-105　广西猫儿山冰臼

（四）福建典型冰臼

冰期时期福建深受古寒潮的侵袭，又有南海暖流和黑潮带来水汽的影响，低温气流与水汽相结合，就形成了广为分布的低海拔型冰川。冰消期形成了多种类型冰臼，在福建白云山地区发现大量的冰臼，见图 8-106～图 8-108。冰期时期位于南方福建的冰川比北方更为发育，消退也快。

图 8-106　福建白云山冰臼之一

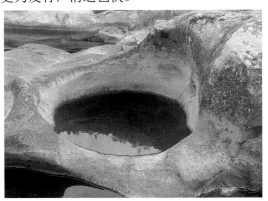

图 8-107　福建白云山冰臼之二

图 8-108　福建白云山冰臼之三

（五）湖南典型冰臼

湖南位于江南，属于长江中游地区，地处（24°38′～30°08′N，108°47′～114°15′E），北以滨湖平原与湖北接壤。省界极端位置：东为桂东县黄连坪，西至新晃侗族自治县韭菜塘，南起江华瑶族自治县姑婆山，北达石门县壶瓶山。东西宽 667km，南北长 774km。在此范围内，发育了大量冰臼，如图 8-109～图 8-111 所示。

图 8-109　湖南衡阳冰臼之一

图 8-110　湖南衡阳冰臼之二

图 8-111　湖南邵阳冰臼

（六）湖北典型冰臼

　　湖北位于我国中部偏南、长江中游，因地处洞庭湖以北，故得名湖北，简称鄂，省会武汉。湖北地理坐标为（29°05′～33°20′N，108°21′～116°07′E），东连安徽，南邻江西、湖南，西连重庆，西北与陕西为邻，北接河南。湖北东、西、北三面环山，中部为"鱼米之乡"的江汉平原。在此范围内，见有冰臼，如图8-112所示。

图 8-112　湖北罗田县冰臼

（七）江西典型冰臼

　　江西简称赣，位于我国东南部、长江中下游交接处南岸，地处（24°29′～30°04′N，113°34′～118°28′E），东邻浙江、福建，南连广东，西接湖南，北毗湖北、安徽，南北长约620km，东西宽约490km。在此范围内，见有众多冰臼，取其典型，见图8-113。

图 8-113　江西上犹燕子岩冰臼群

（八）安徽典型冰臼

黄山位于安徽南部，由黄山市管辖，传说是中华祖先——轩辕黄帝修身炼丹而飘然成仙的地方。黄山南北长约 40km，东西宽约 30km，面积约 1200km²。黄山冰臼群见图 8-114～图 8-115，安徽九华山发育的冰臼见图 8-116。

图 8-114　安徽黄山冰臼群

图 8-115　安徽黄山冰臼

图 8-116　安徽九华山冰臼

二、北方典型冰臼

（一）黑龙江典型冰臼

镜泊湖位于黑龙江宁安市西南百余里的崇山峻岭中，海拔达 350m 以上，是我国最大的高山堰塞湖。在镜泊湖大峡谷发现了很多冰臼，见图 8-117～图 8-119。

图 8-117　黑龙江镜泊湖冰臼之一

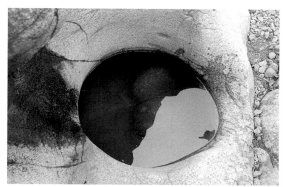

图 8-118　黑龙江镜泊湖冰臼之二

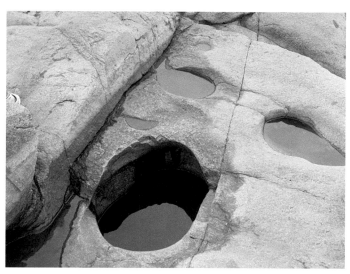

图 8-119　黑龙江镜泊湖冰臼之三

（二）内蒙古典型冰臼

内蒙古大青山坐落在阴山山地中段，冰期时期气候寒冷，为北方寒潮南下的通道，容易形成冰川。冰消期大青山也形成了多种类型冰臼，见图 8-120～图 8-123。

图 8-120　内蒙古大青山冰臼之一

图 8-121　内蒙古大青山冰臼之二

图 8-122　内蒙古大青山冰臼之三

图 8-123　内蒙古大青山冰臼之四

（三）河北典型冰臼

河北环抱首都北京，地处（36°05′～42°40′N，113°27′～119°50′E）。省内见有典型冰臼，如图 8-124 和图 8-125 所示。

图 8-124　河北丰宁满族自治县冰臼之一

图 8-125　河北丰宁满族自治县冰臼之二

（四）辽宁典型冰臼

辽宁省内山脉分别列东西两侧。东部山脉是长白山支脉哈达岭和龙岗山的延续部分，由南北两列平行山地组成，海拔 500～800m，最高山峰海拔达 1300m 以上，为省内最高点。省内见有冰臼，如图 8-126～图 8-128 所示。

图 8-126　辽宁建平县冰臼之一

图 8-127　辽宁建平县冰臼之二

图 8-128　辽宁建平县冰臼之三

（五）湖南典型冰臼

湖南邵阳丹口镇斜头山基岩为火山熔岩，在附近发现了大量的冰臼，见图 8-129。

图 8-129　湖南邵阳冰臼

三、东部典型冰臼

（一）山东典型冰臼

崂山不仅发育典型、系统的古冰川遗迹，还发育冰臼等地貌类型。据不完全统计，直径在 0.5m 以上的冰臼至少有上千个。崂山的山巅、崮顶、山脊、冰碛巨砾上都发育有冰臼，如瑶池（图 8-130）、华楼凌烟崮顶部（图 8-131）的冰臼群等。瑶池位于太清附近，在崮顶约 40m² 基岩上发育有 15 个冰臼，最大的直径约 3m，深约 1.8m。瑶池前发育有宽阔的"U"型谷，该"U"型谷一直延伸到黄海中，谷底遍布巨型漂砾，太清宫即位于谷底。此外，在崂山明道观附近的巨型漂砾上也有冰臼，该漂砾在冰臼形成后又发生了翻转。山东典型冰臼见图 8-130～图 8-134。

图8-130　山东崂山瑶池的冰臼群

图8-131　山东崂山华楼凌烟崮顶部的冰臼群

图8-132　山东崂山明道观漂砾上的冰臼

图8-133　山东崂山登瀛发育的冰臼

图8-134　山东鹤山发育的冰臼

　　冰臼是古冰川存在的有力证据之一，也是古气候古环境变迁的重要历史见证。冰臼的形成需要一定厚度的冰川和大量冰川融水的冲蚀作用。崂山地区大量低海拔冰臼的发现，说明中国东部冰期时期古冰川发育的规模可能达到冰盖的范围。崂山冰臼的规模不如欧美地区发育的冰臼大，说明崂山地区更新世冰期时期冰川的规模可能没有欧美地区大。但崂山东部海岸上大量冰碛物和海岸漂砾上冰臼的发现，说明大量的冰碛物和冰水沉积已成为渤海、黄海陆架沉积的一部分。

　　大泽山北靠艾山、牙山低山丘陵，东为莱阳丘陵盆地，西、南为胶莱平原。燕山期玲珑花岗岩大面积分布。大泽山主峰海拔736m，近南北向展布。海拔600m以上的山峰还有大姑顶、双项、磨锥山、葫芦岩等，山麓线海拔约160m。周围丘陵环绕，宽谷缓丘，海拔一般为200～300m。大泽山的古冰川遗迹主要有：大泽山景区内有非常典型的冰臼和劈石，它们都能证明大泽山确实发生过古冰川活动；大泽山景区保存有非常圆的冰臼，只有具备旋转流的冰川融水，才能留下如此圆的微地貌，见图8-135。

图8-135　山东大泽山景区巨型漂砾上发育的冰臼

　　山东的峄山也有圆形冰臼，见图8-136和图8-137。

图8-136　山东峄山冰臼之一

图8-137　山东峄山冰臼之二

（二）浙江典型冰臼

　　浙江庆元河谷冰臼群，是火山岩分布区发现的规模最大的第四纪冰川遗迹，见图8-138和图8-139。

图8-138　浙江庆元河谷冰臼之一

图8-139　浙江庆元河谷冰臼之二

（三）江苏典型冰臼

江苏苏州西部谢越岭东山湾、陆家湾山头上有十几个冰臼，最大的一个直径有 80cm，深达 60cm（图 8-140，图 8-141）。此外，在江苏连云港市海州区孔望山也发育有大量冰臼，见图 8-142。

图 8-140 江苏苏州寒山冰臼

图 8-141 江苏苏州陆家湾冰臼

图 8-142 江苏海州区孔望山冰臼（赵斯桥供图）

（四）陕西典型冰臼

华山位于陕西华阴市，处于（34°00′～34°25′N，109°57′～110°05′E），东西长 15km，南北宽 10km，西距陕西西安 120km。华山冰臼见图 8-143。

陕西汉中市北依秦岭，南屏巴山，汉江横贯东西。汉中冰臼见图 8-144。

图 8-143 陕西华山冰臼

图 8-144 陕西汉中冰臼

（五）山西典型冰臼

山西冰臼在旋转流作用下多为圆形，见图 8-145～图 8-147。

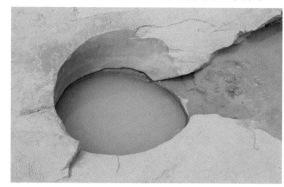

图 8-145 山西黄河壶口冰臼之一

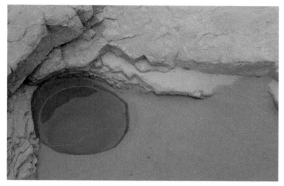

图 8-146 山西黄河壶口冰臼之二

图 8-147 山西黄河壶口冰臼之三

（六）河南典型冰臼

河南省桐柏县桐柏山有大量冰臼群，位于桐柏县月河镇政府西南约 3.5km 处的一条小溪边。远远望去，大小 7 个冰臼宛如巨人踩出的脚趾头印，散布在方圆约 300m² 的范围内。这些冰臼直径为 82～475cm，最深达 900cm 多，最浅的有 56cm，内壁光滑细腻，坑内常年积水，见图 8-148。

图 8-148 河南桐柏山冰臼

四、西部典型冰臼

（一）新疆典型冰臼

新疆位于（34°25′～48°10′N，73°40′～96°18′E）。区域内也可见到冰臼，见图 8-149～图 8-151。

图 8-149　新疆阿勒泰冰臼

图 8-150　新疆克孜里塔司山冰臼

图 8-151　新疆克孜里塔司山冰臼群

（二）青海典型冰臼

青海是长江、黄河、澜沧江的发源地，故被称为"江河源头"，青海干河沟发育有大量的冰臼，如图 8-152 和图 8-153 所示。

图 8-152　青海干河沟冰臼之一

图 8-153　青海干河沟冰臼之二

（三）甘肃典型冰臼

甘肃积石山保安族东乡族撒拉族自治县"石海"位于县内民俗村西南侧，距县城3km。这里自然景观奇特，河滩内磨圆度较好的大小石头遍布。放眼望去，只见一片白茫茫的石海洋，大者如船，小者如碑，似一群群匍匐的游牧羊群，拥背相卧，其规模和数量目前在国内少见。据专家考证，距今12～10ka，第四纪末期冰川四次移动形成了这一"石海"，它是典型的冰川漂砾，具有重要的科考价值。

白龙江，是长江支流嘉陵江的支流，发源于甘肃甘南藏族自治州碌曲县与四川若尔盖县交界的郎木寺，流经甘南的迭部县、舟曲县和陇南市的宕昌县、武都区、文县，在四川广元市内汇入嘉陵江。河道全长576km，流域面积为3.18万km²。白龙江冰臼见图8-154和图8-155。

图8-154 甘肃白龙江漂砾上的冰臼（王乃昂供图）

图8-155 甘肃白龙江冰臼

（四）西藏典型冰臼

西藏第四纪发育大陆冰川，西藏多个山地发育有大量冰臼，见图8-156。

图8-156 西藏绒布寺发育的冰臼

（五）宁夏典型冰臼

滚钟口位于宁夏贺兰山东麓，距离银川市区约33km。其因三面环山，山口向东，形状像大钟，在景区中央又有小山一座像钟铃，故名滚钟口。滚钟口发育的冰臼见图8-157。

图 8-157　宁夏贺兰山滚钟口冰臼

五、西南地区典型冰臼

（一）云南典型冰臼

　　从纬度看，云南只相当于从雷州半岛到闽、赣、湘、黔一带的地理纬度，北回归线穿过云南南部。该省的东面是广西和贵州，北面是四川，西北面是西藏。省内也见有冰臼，如图 8-158 所示。

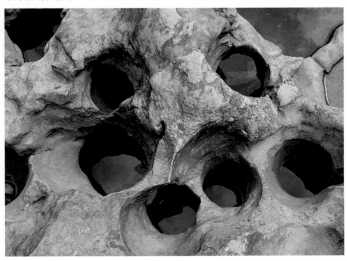

图 8-158　云南陆良大叠水冰臼

（二）贵州典型冰臼

贵州地处中国西南腹地，与重庆、四川、湖南、云南、广西接壤，是西南交通枢纽。贵州也有冰臼，见图 8-159 和图 8-160。

图 8-159　贵州冰臼之一

图 8-160　贵州冰臼之二

（三）四川典型冰臼

四川位于（26°03′～34°19′N，97°21′～108°33′E），处于中国西南腹地，在四川也有冰臼，见图 8-161。

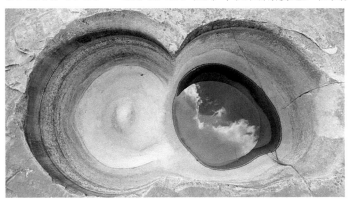
图 8-161　四川会东冰臼

（四）重庆典型冰臼

重庆位于中国内地西南部、长江上游地区，地跨青藏高原与长江中下游平原的过渡地带。重庆万州罗田古镇海拔 1300m 山谷发育有大量的冰臼，如图 8-162 ～图 8-166 所示。

图 8-162　重庆万州罗田古镇冰臼之一

图 8-163　重庆万州罗田古镇冰臼之二

图 8-164 重庆万州罗田古镇冰臼之三

图 8-165 重庆万州罗田古镇冰臼之四

图 8-166 重庆万州罗田古镇半冰臼

综上，北到黑龙江，南至海南，我国 30 个省（区、市）均发育有冰臼地貌，见表 8-2。

表 8-2 冰臼分布表

序列	省（区、市）	典型地区
1	北京	白龙潭
2	黑龙江	镜泊湖
3	湖南	邵阳
4	辽宁	建平
5	内蒙古	大青山
6	河北	丰宁
7	山西	黄河壶口
8	陕西	华山、汉中
9	宁夏	贺兰山滚钟口
10	山东	崂山、鹤山
11	江苏	苏州、孔望山
12	安徽	黄山、九华山
13	河南	桐柏山
14	浙江	庆元河谷
15	福建	白云山
16	江西	上犹燕子岩
17	湖南	衡阳、邵阳

续表

序列	省（区、市）	典型地区
18	湖北	罗田
19	广东	新会、饶平、乳源
20	广西	猫儿山
21	台湾	野柳
22	海南	吊罗山
23	云南	陆良大叠水
24	贵州	平塘
25	四川	会东
26	重庆	万州罗田古镇
27	新疆	阿勒泰、克孜里塔司山
28	西藏	绒布寺
29	甘肃	积石山、白龙江
30	青海	干河沟

第七节　旋转流形成的半冰臼群

半冰臼的形成比较特殊，它会发生在山体的边缘、沟边、陡崖旁。在半冰臼形成过程中，一边为基岩，另一边为冰层，在旋转流的推动下逐渐形成深洞，当冰川消亡后，基岩尚存，冰体消失，就出现了半冰臼。在澳大利亚西部，更新世冰川消退后，也露出了巨大的半冰臼和较小的冰臼，见图8-167。

图8-167　澳大利亚西部半冰臼与冰臼

一、河南云台山半冰臼

在燕山活动时期，云台山北部上升，形成山地；南部下降，形成平原。在喜马拉雅造山运动影响下，山区急剧上升。更新世期间，云台山曾多次被古冰川覆盖，冰川消融以后，留下众多的古冰川活动遗迹；冰下融水曾沿裂隙对岩石进行溶蚀，再加上其他风化营力的影响，就造成了如今的山、石形态。云台山冰川在快速融化的过程中（特别是在某些裂隙中），形成了非常典型的半冰臼，见图8-168和图8-169。

图 8-168　河南云台山峡谷中的半冰臼之一　　　　图 8-169　河南云台山峡谷中的半冰臼之二

二、辽宁海洋岛的半冰臼

海洋岛位于黄海深处，东与朝鲜半岛相望，西北与长山列岛毗邻，拥有长山列岛最好的港湾太平湾和最高的山峰哭娘顶，海拔 373m，全岛面积为 18.98km²。更新世期间，海洋岛和辽东半岛连成一片，构成小冰原，冰川在快速融化过程中，在某些部位形成了半冰臼，见图 8-170。

图 8-170　辽宁海洋岛上的半冰臼

三、新疆带有旋转锥的半冰臼

半冰臼与冰臼一样，都是旋转流所塑造的，其底部带有旋转锥。当冰川消退后，冰体的那部分就消失了，而岩石部分尚存，新疆阿勒泰发育多种类型的半冰臼，见图 8-171 和图 8-172。

图 8-171　新疆阿勒泰带有旋转锥的半冰臼　　　　图 8-172　新疆阿勒泰带有锥形小丘的半冰臼

四、福建白云山半冰臼

福建白云山有大量的冰臼，冰臼分布在白云山景区内的蟾溪至龙亭峡谷及南溪至蟾溪长达 10km 的溪段上，冰臼形态各异。白云山地区不但有发育良好的冰臼群，也有半冰臼，图 8-173～图 8-175 为福建白云山蟾溪发育的巨型半冰臼。

图 8-173　福建白云山蟾溪半冰臼之一

图 8-174　福建白云山蟾溪半冰臼之二

图 8-175　福建白云山蟾溪半冰臼之三

五、安徽大别山的半冰臼

大别山位于安徽霍山县，山体主要部分海拔为 1500m 左右，主峰白马尖海拔达 1777m，次主峰多云尖海拔 1763m。大别山古冰川遗迹非常发育，缺少系统研究，我们通过初步考察，发现了大量冰臼和半冰臼等第四纪冰川遗迹，半冰臼见图 8-176～图 8-178。

图 8-176　安徽大别山半冰臼之一

图 8-177　安徽大别山半冰臼之二

图 8-178　安徽大别山半冰臼之三

六、陕西汉中半冰臼

汉中市位于陕西西南部，北依秦岭，南屏巴山，汉江横贯东西。汉中市西南与甘肃、四川毗邻，东北与本省的安康、西安、宝鸡接壤。当地的半冰臼甚多，见图 8-179 和图 8-180。

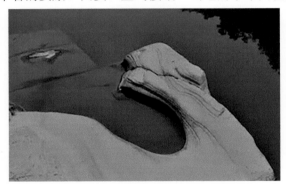

图 8-179　陕西汉中半冰臼之一

图 8-180　陕西汉中半冰臼之二

七、山西黄河壶口半冰臼

冰期时期山西黄河壶口一带被山谷冰川占据。后来，冰川消退，大部分冰碛物被冲到黄河下游。目前仍可见到残存的冰川堆积，见图 8-181 和图 8-182。进入冰消期后，除形成冰臼以外，还留下了一些半冰臼，见图 8-183 和图 8-184。

图 8-181　山西黄河壶口附近的冰碛剖面之一

图 8-182　山西黄河壶口附近的冰碛剖面之二

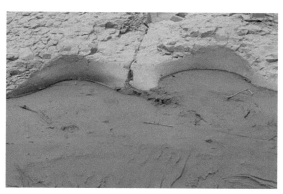

图 8-183　山西黄河壶口半冰臼之一

图 8-184　山西黄河壶口半冰臼之二

八、河北挂云山的半冰臼

河北井陉县挂云山半冰臼群也同样证明了半冰臼发育过程中的冰川移动过程，见图 8-185，该冰臼群指示了古冰川移动的方向。

图 8-185　河北挂云山半冰臼群

第八节　冰川再次移动地区的冰臼

山东崂山有许多完全被后来漂砾盖住口门的冰臼。这是由于冰臼形成后，又发生了冰川前进，当冰川再次融化时，抛下冰川内部的巨大漂砾，落下来刚好盖住了冰臼口门，见图 8-186～图 8-189。

图 8-186　山东崂山仰口景区发育的冰臼（神臼）

图 8-187　山东崂山漂砾完全盖住口门型冰臼

图 8-188　山东崂山漂砾充填的冰臼之一

图 8-189　山东崂山漂砾充填的冰臼之二

第九节　波状起伏的半冰川"U"型石（冰椅石）

有的巨型漂砾上，有波状起伏的半冰川"U"型石（冰椅石）。山东崂山发育多种类型的半冰川"U"型石（冰椅石），有的半冰川"U"型石（冰椅石）呈多级长条状，见图 8-190 和图 8-191。有的波状起伏的半冰川"U"型石（冰椅石）上还有冰臼，见图 8-192；图 8-193 为长条状波状起伏的半冰川"U"型石（冰椅石）。

图 8-190　山东崂山漂砾上的多级长条状半冰川"U"型石（冰椅石）之一

图 8-191　山东崂山漂砾上的多级长条状半冰川"U"型石
（冰椅石）之二

图 8-192　山东崂山有冰臼的多级半冰川"U"型石（冰椅石）

图 8-193 山东崂山多级长条状半冰川 "U" 型石（冰椅石）

第十节 南方冰臼群

北大西洋洋流所带来的水汽，在西风带的影响之下，不断向东运行。在运行过程中其与北冰洋寒冷空气相遇，不断形成降雪，形成了斯堪的纳维亚冰原，并不断向东扩展，到达 120°E 附近时，几乎耗尽了冷空气中所含有的水汽。所以从 120°E 附近南下的冷空气，是非常干冷的气流。

在现代气候条件下，我国南方的降水量远高于北方；冰期时期也是如此，我国南方容易受黑潮和南海暖流带来水汽的影响。冰期时期，我国南方富含水汽的气流与来自北方的干冷气流相遇，就会增大降雪量，经过万年或数万年的积累，达到千米以上的冰川厚度应当是不难理解的。依据这种原因，我国南方冰川盛于北方，与冰消期冰川活动相关的冰臼，自然是南方多于北方，冰臼的类型也是南方多于北方。

最初在冰面上的冰川融水洞穴可能只是 1 或 2 个。由于南方降雪量大，冰川容易积累，也就容易运移。最初形成的 1 或 2 个冰臼被掩埋，冰洞又在新的位置创造新冰臼，以此类推，当冰消期到来，就露出冰臼群了。由此可见，南方冰臼群的出现，不仅证明了古冰川的存在，还验证了冰川的多次运动。将来，随着测年技术的发展，还可得到它们各自的形成年龄。

我国冰臼分布的特点是：南方多于北方，东部多于西部；东部多见完整的圆形冰臼，西南部云贵高原一带多见喀斯特融蚀地貌与冰臼共存的共生地貌，外观上显得支离破碎；南方冰川容易移动、地形起伏较大，多形成移动性冰臼和半冰臼，北方多稳定性冰臼，冰臼特别圆，半冰臼较少；南方冰臼多群体性分布，北方冰臼多个体性分布；南方冰臼多见于山谷一带，北方冰臼多见于丘顶部位（个别例外）；南方气温偏高、降雪量或降水量均高，多融蚀小洞（多被误认为冰臼），北方气温偏低，降雪量或降水量均较南方低，融蚀小洞较少，多雪蚀微地貌；南方因融冰、融雪和降雨多易形成溶蚀洞、滴蚀洞（多被误认为冰臼），北方滴蚀洞偏少，见图 8-194 ～图 8-196。

山东三瓣石冰川东侧碛漂砾上的冰臼，见图 8-197。该冰臼的形成与河流活动、泥石流活动均无关系。

图 8-194 福建白玉山的圆形冰臼

图 8-195 湖北罗田县的圆形冰臼

图 8-196　福建仙游海岸的冰臼

图 8-197　山东三瓣石冰川东侧碛漂砾上的冰臼

　　冰川融水冲蚀最初形成冰椅石，而后又再形成了冰臼，这种原因形成的冰臼多为不对称型，即冰椅石周围的厚度不一，冰臼周边的高度也各不相同，见图 8-198～图 8-200。

　　该冰臼形成时，海岸线还在冲绳海槽一带，在距今 6000 年时，海水到达山东崂山现今海面高 3m 附近位置，自那时起，该冰臼就成为崂山低海拔型海岸附近的冰臼了，见图 8-201。

图 8-198　山东崂山冰椅石上形成的冰臼

图 8-199　福建冰椅石上形成的冰臼

图 8-200　大别山冰椅石上形成的冰臼

图 8-201　山东崂山东侧海岸漂砾上的冰臼

　　世界上的冰臼非常之多，它们都出现在现代冰川和古代冰川发育地区，在它们形成过程中，总是与冰川融水活动有关，它们的基本形态为圆形，形成圆形微地貌的水体必须为螺旋形的旋转流，在其形成的过程中在岩石上留下的螺纹线，记载了它们的形成过程，见图 8-202～图 8-203。

图 8-202　福州白云山冰臼旋转流纹之一

图 8-203　福州白云山冰臼旋转流纹之二

第十一节　现代冰川表面上的旋转球

北半球的三大冰原活动区都存在旋转球。为进一步说明由不同岩性构成的旋转球与冰川活动的关系，笔者查阅了世界各地的研究资料，找到了英国人在欧洲的阿尔卑斯山瑞士萨多纳发现的现代冰川活动区，见到了现代冰川的表面，光滑的旋转球作为冰川的表碛而存在，见图 8-204。该现代冰川表面冰川旋转球的存在，再次证明旋转球在初期就是冰川带来的漂砾，后来冰川融水刚好遇到冰川内部的漂砾，经长期冲蚀、转动、磨蚀而逐渐形成。冰川完全融化后，它便落在冰臼中、冰碛物中或者停留在地面上。福建福安九龙洞风景区发育有大量的冰川遗迹，冰臼较为发育，其中冰臼中也保存有旋转球，见图 8-205。

图 8-204　瑞士萨多纳现代冰川表面的冰川旋转球

图 8-205　福建福安九龙洞景区冰臼中发育的旋转球

第九章

北半球第三冰原冰消期地貌遗迹

在最后冰期时期，中国内陆的大部分地区曾被冰雪所覆盖，冰川消融以后，目前见到的覆盖着基岩的大部分松散物质都是最后冰期时期的冰川活动堆积、沉积下来的。众所周知，冰川在陆地上移动时，就会形成与冰川移动相关的一些地貌类型。当冰川开始融化，形成咆哮的河流，相关的地貌也就形成了。最后冰期时期冰川的形成、发育和融化经历了几个不同时期。大约在距今18ka时，冰川规模最大；大约在距今15ka时，第三冰原进入冰消期，许多小冰原消失，露出冰臼和其他微地貌。当长江古湖周边的冰川融化时，湖面快速升高，冲垮由下蜀黄土组成的土坝，滚滚湖水成为江水，冲出长江三角洲前的喇叭形洼地，为全新世三角洲的形成准备了地形条件。在第三冰原消退过程中，除了形成大量冰臼与半冰臼以外，还有许多非旋转流形成的多种微地貌。

第一节　非旋转流形成的半冰川"U"型石（冰椅石）

一、第一冰原的半冰川"U"型石（冰椅石）

在劳伦泰德冰原区，如果漂砾较小或者遇到起伏地形，就只能形成半冰川"U"型石，它的形状类似于椅子，因而被称为冰椅石。半冰川"U"型石在早期由冰川的侵蚀作用所形成；后期又在冰川融水所形成的非旋转流的冲蚀作用下最终形成。所以说，半冰川"U"型石的存在是当地发生过冰川作用的可靠依据。图9-1～图9-4为劳伦泰德冰原消融后露出的半冰川"U"型石。

图9-1　劳伦泰德冰原消融后露出的半冰川"U"型石之一　　图9-2　劳伦泰德冰原消融后露出的半冰川"U"型石之二

图9-3　劳伦泰德冰原消融后露出的半冰川"U"型石之三　　图9-4　劳伦泰德冰原消融后露出的半冰川"U"型石之四

二、第二冰原的半冰川"U"型石（冰椅石）

在斯堪的纳维亚冰原区，冰川遇到起伏较大的地形时，也会形成半冰川"U"型石，见图9-5和图9-6。

图 9-5　斯堪的纳维亚冰原区的半冰川"U"型石
（冰椅石）之一

图 9-6　斯堪的纳维亚冰原区的半冰川"U"型石
（冰椅石）之二

三、第三冰原的半冰川"U"型石（冰椅石）

1. 海南和福建的半冰川"U"型石（冰椅石）

如果说冰臼和半冰臼是在比较特殊的条件下，在冰洞的底部出现自上而下的旋转流才能形成的，那么形成半冰川"U"型石（冰椅石）、冰川融水侵蚀槽、象形石等的环境条件，则是较为广泛、较为普遍存在的形成条件。因为更多的冰川融水不具备形成旋转流的条件，就直接冲击漂砾面、基岩面、山坡面而逐渐形成上述多种微地貌类型。也就是说，冰川剖面上的融水下冲时，如冲击到基岩或漂砾，就会对岩面或漂砾面产生冲击、磨损、磨光作用，形成多种类型的半冰川"U"型石地貌（它们因平面形态类似椅子而得名）。半冰川"U"型石（冰椅石）主要是冰川侵蚀和流水冲击作用共同形成，它与地层层面、节理面、解理面均无关系。有的半冰川"U"型石（冰椅石）又被古冰川搬运到古冰舌堆积的前缘，过去为陆上的半冰川"U"型石（冰椅石），经全新世海侵被淹没，形成海中半冰川"U"型石（冰椅石）；有些半冰川"U"型石（冰椅石）又被漂砾覆盖起来，也有的半冰川"U"型石（冰椅石）上还能再现冰臼。随着冰川的缓慢运动还会形成多起伏的波状半冰川"U"型石（多级冰椅石）等。图 9-7 和图 9-8 为海南岛保存的古冰川形成的半冰川"U"型石（冰椅石），福建厦门有目前发现的最大的半冰川"U"型石（冰椅石），见图 9-9。

图 9-7　海南岛巨型半冰川"U"型石（冰椅石）之一

图 9-8　海南岛巨型半冰川"U"型石（冰椅石）之二

图 9-9　福建厦门的半冰川"U"型石（冰椅石）

2. 崂山半冰川"U"型石（冰椅石）

据《崂山志》记载：崂山有椅子石在聚仙宫东北。巨石作椅形，上镌"青龙庵镇水石"六字，可见，崂山的先民已经注意到椅子石，并进行了形象的描述。崂山半冰川"U"型石（冰椅石）多种多样，只能选取最常见的载于书中，它是崂山冰消期地貌的类型之一，见图 9-10～图 9-14。值得注意的是，图 9-13 所展示的崂山东侧被海水淹没的半冰川"U"型石（冰椅石），源自崂顶附近，它被古冰川搬运了数千米之遥，翻越黄色、棕色的花岗岩地区，也就是越过数列山岗，才能到达目前所在的黄海中。

图 9-10　山东崂山花岗岩上形成的半冰川"U"型石
（冰椅石）

图 9-11　山东崂山特大半冰川"U"型石（冰椅石）

图 9-12　山东崂山河道中的半冰川"U"型石（冰椅石）

图 9-13　山东崂山东侧被海水淹没的半冰川"U"型石
（冰椅石）

图 9-14　山东崂山上方有漂砾的半冰川"U"型石（冰椅石）

3. 双座半冰川"U"型石（冰椅石）

有的半冰川"U"型石（冰椅石）为双座型，表明其受两次冰蚀和融水冲蚀而形成，见图 9-15 和图 9-16。

图 9-15　山东崂山双座半冰川"U"型石（冰椅石）

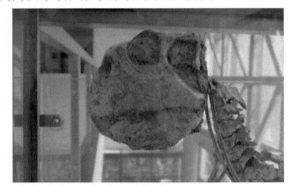

图 9-16　第四纪冰川博物馆双座半冰川"U"型石（冰椅石）

4. 山东蒙山和湖南大围山半冰川"U"型石（冰椅石）

山东蒙山古冰川遗迹类型多样，随处可见。蒙山在第四纪冰川期间曾被古冰川覆盖，进入冰消期也留下许多冰消期遗迹，如古冰川舌堆积、粒雪盆、冰臼、半冰川"U"型石（冰椅石）（图 9-17）、巨型漂砾群等。湖南大围山的半冰川"U"型石（冰椅石）见图 9-18。

图 9-17　山东蒙山的半冰川"U"型石（冰椅石）

图 9-18　湖南大围山的半冰川"U"型石（冰椅石）

5. 山东五莲山的半冰川"U"型石（冰椅石）

实际上它就是一块冰碛物，它的断面形态类似靴子，所以又称靴子石，见图9-19。类似靴子的靴子石在海南岛也被发现，见图9-20。

图9-19　山东五莲山的半冰川"U"型石（冰椅石）　　　　图9-20　海南岛天涯海角半冰川"U"型石（靴子石）

6. 安徽天柱山双向半冰川"U"型石（冰椅石）

安徽天柱山基岩在冰川之下，冰川向两侧移动、侵蚀；进入冰消期后，大量冰川融水进行冲蚀，最终形成双向半冰川"U"型石（冰椅石），见图9-21。

图9-21　安徽天柱山双向半冰川"U"型石（冰椅石）

7. 山东沂山山巅和昆嵛山九龙池半冰川"U"型石（冰椅石）

沂山旧称东泰山，是沂蒙山主脉，是沂蒙山主脉，林地面积为1587.6hm^2，覆盖率为73.7%，1992年沂山被确定为国家级森林公园。中国之山，有五岳之分，又有五镇之别。泰山为东岳，沂山为东镇。古称一方的主山为镇，"每州之名山殊大者，以为其州之镇"。位于临朐县南部的沂山，海拔1031.7m，跨越南北50多千米、东西20多千米，覆压数百平方千米。在主峰玉皇顶的周围，屹立着29座不同姿态的奇峰，便为鲁中一地之镇了。经考察，沂山的半冰川"U"型石（冰椅石）也非常特殊，如同山巅座椅；还有其他半冰川"U"型石（冰椅石），见图9-22和图9-23。昆嵛山九龙池半冰川"U"型石（冰椅石）见图9-24。

图 9-22　山东沂山半冰川"U"型石之一（冰椅石）

图 9-23　山东沂山半冰川"U"型石之二（冰椅石）

图 9-24　山东昆嵛山九龙池半冰川"U"型石（冰椅石）

8. 福建半冰川"U"型石（冰椅石）

福建位于我国南方，水分条件充足，冰期时期在北方冷空气的影响之下，年平均气温低于 0℃，有利于冰川的形成与发育，所以我国南方的冰川规模要盛于北方，进入冰消期的融冰量也要大于北方，福建的冰臼和半冰川"U"型石（冰椅石）都要比北方盛，见图 9-25 和图 9-26。

图 9-25　福建半冰川"U"型石（冰椅石）上的冰臼

图 9-26　福建谷坡上的半冰川"U"型石（冰椅石）群

9. 山东峄山瀑布型半冰川"U"型石（冰椅石）

山东峄山瀑布型半冰川"U"型石（冰椅石）见图9-27～图9-29。

图 9-27　山东峄山瀑布型半冰川"U"型石
（冰椅石）之一

图 9-28　山东峄山瀑布型半冰川"U"型石
（冰椅石）之二

图 9-29　山东峄山瀑布型半冰川"U"型石（冰椅石）之三

第二节　冰川融水侵蚀槽

全球气候进入冰消期以后，是全球洪水暴发期，自然要形成与冰消期相适应的地貌类型。冰川融水侵蚀形成的流痕槽是一种最为常见的冰川融水地貌，也称为冰川融水侵蚀槽。在冰期后期，也就是说进入冰消期以后，巨厚的冰层处于逐渐融化阶段，又由于冰川的厚度大，因此其成为山地上的冰山（也是陆地上的冰山），它们沿着冰裂缝、冰坡，形成自上而下的融水流，这一水流到达巨型漂砾上或者基岩面上就产生冲击力，形成冲蚀槽，进入槽内的融水继续向低处流动，久而久之就在漂砾或者基岩面上形成了如今所见的冰水流痕槽（冰川融水侵蚀槽）。如果冰川前进速度与消融速度一致，就会形成稳定融水流，也容易形成冰川融水侵蚀槽。冰川融水侵蚀槽可分为水平方向和垂直方向两种类型。

一、水平方向的冰川融水侵蚀槽

1. 山东峄山冰川融水侵蚀槽

稳定的冰川融水侵蚀槽经长期侵蚀而形成，一旦冰川消亡不再有流水通过，就终止发育，留下无头无尾的一段干沟，见图9-30～图9-32。

图 9-31　山东峄山磨光面上的冰川融水侵蚀槽之二

图 9-30　山东峄山磨光面上的冰川融水侵蚀槽之一

图 9-32　山东峄山磨光面上的冰川融水侵蚀槽之三

2. 山东崂山冰川融水侵蚀槽

山东崂山冰川融水侵蚀槽见图 9-33 ～图 9-35。

图 9-33　山东崂山冰川融水侵蚀槽之一

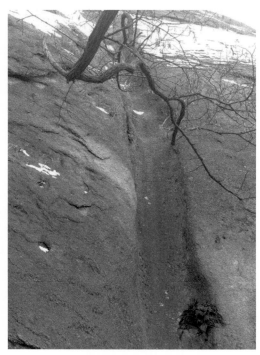

图 9-35　山东崂山冰川融水侵蚀槽之三

图 9-34　山东崂山冰川融水侵蚀槽之二

3. 山东圣经山冰川融水侵蚀槽

山东圣经山丘顶上的冰川融水侵蚀槽见图 9-36。

图 9-36　山东圣经山丘顶上的冰川融水侵蚀槽

二、垂直方向的冰川融水侵蚀槽

从天而降型冰川融水侵蚀槽的存在，表明当地曾被百米以上的冰川所覆盖，稳定的冰川融水在巨型漂砾上形成侵蚀槽，在冰川消退以后，就留下该槽，直到现在，见图 9-37 ～图 9-42。

图 9-37　山东峄山冰川融水侵蚀槽

图 9-38　山东招虎山冰川融水侵蚀槽

图 9-39　安徽天柱山冰川融水侵蚀槽之一

图 9-40　安徽天柱山冰川融水侵蚀槽之二

图 9-41 安徽天柱山冰川融水侵蚀槽之三（图的左侧）

图 9-42 江西湖口石钟山冰川融水侵蚀槽

第三节 多条平行分布的冰川融水侵蚀槽

从我国的北方到南方，许多山地都有多条平行分布的冰川融水侵蚀槽，表明在冰期时期曾有冰川陡崖面，成为稳定的冰川融水供给源，在冰川消融后，就留下多条平行分布的冰川融水侵蚀槽景观。图 9-43 为国外冰斗冰川外侧多条平行分布的冰川融水侵蚀槽，图 9-44 为内蒙古大青山多条平行分布的冰川融水侵蚀槽，图 9-45～图 9-50 为其他山区多条平行分布的冰川融水侵蚀槽。

图 9-43 冰斗冰川外侧多条平行分布的冰川融水侵蚀槽

图 9-44 内蒙古大青山多条平行分布的冰川融水侵蚀槽

图 9-45 安徽天柱山平行分布的冰川融水侵蚀槽

图 9-46 山东大泽山南侧基岩上发育的冰帘条纹沟地貌

图 9-47　福建平行分布的冰川融水侵蚀槽

图 9-48　安徽天柱山斜坡上的多条冰川融水侵蚀槽之一

图 9-49　安徽天柱山斜坡上的多条冰川融水侵蚀槽之二

图 9-50　山东蒙山斜坡上的多条冰川融水侵蚀槽

第四节　深度发育的冰川融水侵蚀槽

据目前所知，在古冰川的重压之下，冰川底部的冰会出现融化现象。这是因为冰的厚度加大以后，会使冰层底部冰的熔点降低，在冰层底部会出现融水。新出现的融水，非常容易进入下伏基岩的裂缝、节理或孔隙中，水体因压力降低而再次冻结。所以冰川底层出现的融水，往往沿某一特定部位运行，久而久之就形成了深度发育的冰川融水侵蚀槽，该槽的发现也能证明当地发生过古冰川活动。深度发育的流痕槽的形成条件有二：其一为厚层冰川的压力之下，多数漂砾面为平行地面；其二为经过水体的长期冲蚀，所以漂砾的表面都非常光滑。有的漂砾面上还形成冰臼，见图 9-51～图 9-55。

图 9-51　深度发育的冰川融水侵蚀槽之一

图 9-52　深度发育的冰川融水侵蚀槽之二

图 9-53　深度发育的冰川融水侵蚀槽之三

图 9-54　深度发育的冰川融水侵蚀槽之四

图 9-55　深度发育的冰川融水侵蚀槽之五

第五节　冰下河床型冰川融水侵蚀槽

　　山东峄山保存着国内罕见的冰下河床型冰川融水侵蚀槽，在国内为首次发现。该冰下河床型冰川融水侵蚀槽的存在，证明了古冰川的存在，同时也表明古冰川活动期的融水量非常丰富。长期稳定的水源补给是其形成的必要条件，见图 9-56。基岩面上出现的如此特征的微型河床，是不可多得的、罕见的、应重点保护的"河道化石"。在现今的地理环境下，仅依靠当地的降水，要形成带有弯曲的河道，并且还要下切基岩是不可能的事。该"河道化石"的存在，进一步证明了当地存在过古冰川活动。

图 9-56　河床型冰川融水侵蚀槽

第六节　象形石

崂山的先民早就发现崂山有许多奇石、怪石，有的像动物、有的像水果、有的像一些几何形态，图 9-57 为崂山的拳形石，图 9-58 为崂山山巅上的海螺石，图 9-59 为崂山的窝头石，图 9-60 为崂山的桃形石。它们的形成都与古冰川融水的冲刷与旋转型冲击作用有关。崂山与古冰川活动有关的象形石地貌，可分为两大类：其一为古冰川融水的冲刷与冲击作用而形成的多种象形石地貌，简称象形石；其二为古冰川拖动作用而形成的象形地貌，如自然碑、独立的石柱、石门、悬石、洞穴等。由此可以看出，象形石主要发生在冰消期。在现在的气候条件下，很难形成象形石。根据近几年的调查，笔者认为：崂山的象形石与冰消期古冰川融水的冲蚀活动密切相关。图 9-61 为蒙山桃形石。

图 9-57　崂山拳形石

图 9-58　崂山山巅上的海螺石

图 9-59　崂山窝头石

图 9-60　崂山的桃形石

图 9-61　蒙山桃形石

第十章

纪念李四光

第一节 李四光生平

李四光（1889～1971年），蒙古族，字仲拱，原名李仲揆，1889年10月26日出生于湖北省黄冈县。他自幼就读于其父李卓侯执教的私塾，14岁那年告别父母，独自一人去武昌报考高等小学堂。在填写报名单时，他误将姓名栏当成年龄栏，写下了"十四"两个字，随即灵机一动将"十"改成"李"，后面又加了个"光"字，从此便以"李四光"传名于世。

1904年，李四光因学习成绩优异被选派到日本留学。他成为孙中山领导的同盟会中年龄最小的会员，以"驱逐鞑虏、恢复中华"为己任。孙中山赞赏李四光的志向："你年纪这样小就要革命，很好，有志气。"还送给他八个字："努力向学，蔚为国用。"

1910年，李四光从日本学成回国。武昌起义后，他被委任为湖北军政府理财部参议，后又当选为实业部部长。袁世凯上台后，革命党人受到排挤，李四光再次离开祖国，到英国伯明翰大学学习（1913年1月至1918年6月）。

伯明翰位于伦敦西北190km处。冰期时期欧洲和亚洲共有的斯堪的纳维亚冰原的前缘曾到达伦敦一带。那时的伯明翰处于大冰原的覆盖区，大冰原消退后，留下广为分布的冰川遗迹。李四光在遍布冰川遗迹的环境中生活了6年。再加上20世纪初期是全球性的冰川热，那时地质系的学生都会受其熏陶和影响。英国的面积又不大，李四光每年的野外实习、假期的郊游、短期的旅行，都在大冰原消退后的环境中进行。由此可见，李四光在伯明翰大学学习所获得的知识和野外的经验，为他后来在山西、江西庐山和国内其他地区发现古冰川遗迹，并进行翔实研究奠定了基础。

1918年6月，李四光在伯明翰大学通过了毕业论文《中国之地质》的答辩，获自然科学硕士学位。1919年，李四光在考察欧陆地质后，接受了北京大学校长蔡元培先生的聘书，于1920年5月回到了北京，出任北京大学地质系教授。1921年，他在太行山的沙河县、山西大同盆地口泉附近，经过仔细考察、分析研究，发现了众多的巨型漂砾和若干带有擦痕的冰碛物，描绘了冰碛物的沉积结构剖面，这项研究成果于1922年发表在 *Geological Magazine* 上。

李四光在担任北京大学地质系教授、系主任时，主讲岩石学和高等岩石学两门课程，他以严谨的治学作风赢得了学生的尊重。他经常带学生到野外进行实地教学，边看边讲。一个山头、一个沟谷、一堆石子、一排裂缝，他都不放过。学校经费不足，他就带领学生白手起家搞建设，将学习环境收拾得十分雅静。

在教学的同时，他对研究工作也不放松，他一生中在地质学方面的主要贡献，如古生物筵科的鉴定方法、中国第四纪冰川的发现和地质力学的创立，都是在这期间开始的。在研究过程中，他从不为已有的观点和学说所束缚，而是按照自然规律，去寻找尚未被人们认识和掌握的真理。因此，他能不断提出创造性的见解，并敢于向一些旧观点提出挑战。

1928年，他又到南京担任国立中央研究院地质研究所所长，后当选为中国地质学会会长。他带领学生和研究人员常年奔波野外，跋山涉水，足迹遍布祖国的山川。他先后数次赴欧美讲学、参加学术会议和考察地质构造。1949年12月他启程秘密回国。

回到新中国怀抱的李四光被委以重任，他先后担任了地质部部长、中国科学院副院长、全国科联主席、全国政协副主席等职。他虽然年事已高，但仍奋战在科学研究和国家建设的第一线，为我国的地质、石油勘探和建设事业做出了巨大贡献。1957年1月15日中国科学院第四纪研究委员会成立，李四光为主任，刘东生任秘书长。20世纪60年代以后，李四光继续注意中国的第四纪冰川研究，后来因过度劳累身体越来越差，但他还是以巨大的热情和精力投入到地震预测、预报以及地热的利用等工作中去。1971年4月29日，李四光因病逝世，享年82岁。

第二节　李四光对古冰川遗迹研究的贡献

1921 年，李四光在太行山的沙河县、山西大同盆地口泉附近，找到我国北方存在更新世冰川遗迹的证据，开创了我国存在第四纪古冰川遗迹研究的先河。

到了 20 世纪 30 年代，李四光对冰川的研究投入了极大的精力。有些外国人对中国的冰川遗迹进行过零星考察，竟断言"中国没有第四纪冰川"。李四光却提出"让事实说话"。1931 年李四光到庐山考察，发现了第四纪冰川遗迹，他尤其对山上及山麓的冰碛物特别重视，为证明我国存在第四纪冰川活动，他于山上山下反复搜集证据。在山上，他确认了大坳、鼓子寨、黄龙、五乳寺等冰斗，王家坡、大校场、七里冲等冰川"U"型谷及悬谷等冰蚀地貌；在山上和山麓还发现了广泛分布的冰川泥砾、冰川漂砾和冰川纹泥等冰川堆积物，以及它们堆积而成的终碛堤、侧碛堤和中碛堤等冰川堆积地貌；在一些基岩或岩块上还发现了条痕石、冰溜面、羊背石等冰溜遗痕。1933 年，李四光以《扬子江流域之第四纪冰期》为题，在中国地质学会第十次年会上做了学术演讲，会后专门请中外学者到庐山实地考察。

为了证明中国有第四纪冰川的遗迹，李四光踏遍了祖国大江南北，先后考察了太行的东麓、大同盆地、扬子江流域，几上庐山，坚定地认为庐山是"中国第四纪冰川的典型地区"。1936 年李四光在黄山找到了冰磨条痕，发表了《安徽黄山之第四纪冰川现象》。1934 ～ 1936 年，根据中英两国交换教授讲学的协议，李四光应邀赴英讲学，在伦敦、剑桥、牛津、都柏林、伯明翰等 8 所大学，讲授中国地质学，将讲稿整理后在伦敦正式出版 *The Gedogy of China*[①]，此书除英文版外，还有俄文译本和摘要汉译本，学术界给予了很高的评价。英国李约瑟博士称他为"最卓越的地质学家之一"。1936 年李四光回国途中，经过美国，他在学生朱森的协助下，对美国地质做了一次由东到西的实地考察。回国后他住在庐山，继续做第四纪冰川研究工作，涉足黄山、九华山、天目山等，发现了更为典型的冰蚀地形和冰川堆积剖面。

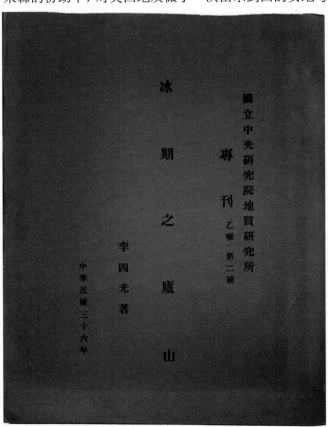

图 10-1　《冰期之庐山》专著

根据李四光的调查，在长江下游地区曾有三次冰川作用，其中发生最古和分布最广泛的一次称为"鄱阳湖"冰川作用，随后是"大姑"冰川作用。不言而喻，这两次冰川作用包括了低地平原在内的广大地区（与崂山古冰舌的分布特征非常类似），第三次是"庐山"冰川作用。从异处过来的泥石称为"冰碛泥砾"或"漂砾"。他把庐山第四纪大冰期划分为三个亚冰期，并认为庐山冰碛物中的绛色坚硬泥砾代表了最老一次冰期的堆积物，命名为鄱阳湖冰期；赭色疏松泥砾代表了较新一次冰期的堆积物，命名为大姑冰期；分布在庐山 800m 以上的、黄色极疏松的泥砾代表了最新的次冰期的堆积物，命名为庐山冰期。其中大姑冰期规模最大，冰川直达山麓地带，庐山冰期是规模较小的山谷冰川，冰川活动仅限于海拔 800m 以上。1937 年李四光先生将这些观点写成专著《冰期之庐山》，见图 10-1。直到 1947 年，这本专著才得以在国立中央研究院地质研究所以专刊的形式正式发表。这部专著在国内影响很大，为中外许多学者所认可，庐山成为我国研究第四纪冰

---

① 中文译名为《中国地质学》。

川的标准地点，作为第四纪冰期对比的依据。由此可见，李四光是我国第四纪冰川学研究的奠基人。

苏联著名地质学家 B. A. 奥勃鲁契夫于 1951 年指出，否认亚洲古代冰川的可能性，曾使 19 世纪末和 20 世纪初的一些研究者对这一区域现代地形的发展史做了不正确的解释。李四光、李承三、周廷儒、安德森（Anderson）、笛·特拉（De Terra）、魏斯曼（Wissmann）等都曾论述过中国东部存在古冰川活动。中国的冰川地质研究起步较晚，1907 年美国的威利斯等发现了古生代南沱冰碛层，后被李四光订正为震旦纪。

李四光是我国第四纪冰川学研究的奠基人。20 世纪 50 年代他在北京西山地区鉴定了多处冰川遗迹，并在 60 年代初亲自规划和主持全国的第四纪冰川研究工作，随后又发表专文，指明古冰川应提出三项必不可少的冰流侵蚀、堆积和冰缘证据及一项反映寒冷气候的动植物证据来加以验证，并倡导第四纪冰川研究要结合生产建设，为国民经济服务。他在最后一部著作《天文·地质·古生物》中，在行星地球的层次上形成了有关"地球系统"的科学思想，纵述了地质史上的"三大冰期"，探讨了有关冰川和冰期的起源问题，认为它们与地壳运动相联系，与地球轨道变化有关系，是由一些非周期性和周期性的因素复合起来决定的。第四纪大冰期内的冷暖气候变化是全球性的，而且对人类发生、发展和地质环境演变有深刻的影响。在 20 世纪 60 年代初，李四光还根据华北平原 10 000 多口井的钻井资料，发现了太行山东麓的华北平原存在埋藏型冰碛物。这一思路对于陆架古环境的研究产生了重要影响。北黄海周边山地和太行山在同一纬度，北黄海海底是否也存在埋藏型冰碛堆积？这是值得进一步探究的事。李承三和高泳源（1942）在长江下游的西北地区高约 2000m 的大巴山山脉西部发现了冰川遗迹，如冰川槽悬谷、夹有磨光卵石的冰碛石。郭令智（1943）在大巴山山脉东部也发现了冰川遗迹，根据冰川地形、冰碛石和冰水沉积所构成的上部阶地的分布，他把大巴山东部分为三个冰川期。他称为"九湾子"的最古的冰川遗迹，是在海拔约 800m 处发现的，见有底碛、侧碛和构成上部阶地的冰水沉积。1950 年，严钦尚所领导的勘察队在大兴安岭地区进行了调查，发现了在山脉东坡发育较好的围谷、冰川槽、羊背石、冰碛石和其他冰川侵蚀、冰川堆积地形。根据对这些冰川地形的研究，他们得出了结论：这个地区至少发生过两次冰川作用。同年北京大学和清华大学的一批地质学家（戴鹏飞，2017）在阴山山脉发现了古代冰川遗迹，在海拔不超过 1000m 的白马关山系发现了许多冰川侵蚀遗迹（冰斗、冰川槽悬谷等）。1954 年地质学家李捷在勘测永定河引水渠地质地貌时，发现在模式口街的翠微山东南脚下，永定河引水渠北侧的山坡上有一处裸露的岩石表面有许多刨蚀而成的深、细、长的痕迹，而且大都指向东南。经过李四光等国内外专家学者鉴定，这里被认定为第四纪冰川擦痕。学者认为，这个冰川擦痕形成于距今 300 万～200 万年的新生代第四纪，在我国北方是首次发现，这种擦痕在北方极为罕见，是华北罕有的科学实物资料。冰川擦痕的发现，为研究远古地质、气候、生物及古人类提供了极为珍贵的资料依据，因此，这一发现曾震动了世界地质界。1955 年，地质部与北京市人民政府将其列为重点文物保护单位，并设护栏加以保护。此外，在中国东南沿海地区平均海拔 600～700m 处也发现了古代冰川遗迹。该地区的位置近于 27°N，距中国东海岸 13km，在浙江和福建两省的交界处。1950 年在这个地区进行调查的孙云铸（1951）指出，他发现了冰川槽、悬谷、冰斗、围谷，以及许多冰碛石堆积（即未经分选的红色壤土和黏土层，并夹有不同大小和浑圆度的具有明显可见的冰川磨痕的卵石）。冰碛层的厚度为 5～15m，孙云铸（1951）认为该处的冰川和庐山地区的冰川是同时代的。景才瑞发表过《鄂西第四纪冰川遗迹和冰期划分》等百余篇关于中国东部低山丘陵区存在古冰川遗迹的论著，还有更多的研究者又有许多新的发现。由此可见，李四光是我国低海拔古冰川遗迹的发现者和开拓者。到目前为止，还无人超过他对古冰川研究所花费的精力和时间，以及所取得的成就。

第三节　如何分析国外批评者的意见

20 世纪 30 年代，李四光首次提出庐山存在第四纪古冰川遗迹。时至今日，仍不乏反对者。百年前，受当时的条件所限、交通所制，作为个人无法进行大范围的普查，未能找到在我国保存最佳的古冰川遗迹，也许这是李四光进行古冰川研究的憾事。但毕竟他是开拓者，是在我国进行古冰川遗迹研究的先导者。百年后的今天，我国各方面的条件已发生变化，特别是各地高速公路的建设、村间公路的出现、山区森林公园的开发、新旅游资源的浮现，都为在我国重新查找第四纪古冰川遗迹提供了便利条件。作为后来人，应充分利用现在的有利时机和方便的条件，去查找保存更好的古冰川遗迹，并使之得以保护起来。各地的第四纪古冰川遗迹属于自然遗产，是不可再生的科学资源和进行科普宣传的旅游资源。

中华大地幅员辽阔，景观环境非常复杂，是否存在古冰川活动遗迹不能靠主观推断，要到实地去考察，用新的事实去证明李四光提出的问题是否具有普遍意义。我们提倡调查研究，鼓励深入实际、走进山区、踏入林区、登上山巅、步入谷底，追根溯源以求获得结论，使李四光开创的事业得以发扬光大。

遗憾的是从 19 世纪以来，就不断有德国、美国、法国、瑞典等国的地质学家到中国来勘探矿产，考察地质。但是，他们都没有在中国发现过冰川现象。因此，在地质学界，"中国不存在第四纪冰川"已经成为一个定论。当李四光的这个学术观点再次在全国地质学会上发表以后，1934 年引起了著名的庐山辩论。在半殖民地半封建的旧中国，科学家低人一等，外国学者中有相当一部分人是带着民族主义和种族歧视情绪到中国来的。因此，尽管大量事实摆在眼前，几位外国学者并没有改变他们的观点。经笔者分析，部分外国学者不同意李四光调查成果的原因如下。

1. 环境背景不同

中国位于斯堪的纳维亚冰原的南缘或者说是东南缘。巨型第二冰原的形成就会迫使冰期时期寒潮路径东移，那时的欧洲中纬度地区属于无寒潮活动地区，也就是不存在低海拔冰川遗迹，而中国内陆是北半球唯一一个经常受到北冰洋寒流直接侵袭的陆地，源自北冰洋的寒冷气流可以直接到达海南岛一带，使我国东部低山丘陵区成为北半球同纬度最为寒冷的地区，可称为北冰洋寒冷气流的扩散区。劳伦泰德冰原形成以后，也迫使冰期时期寒潮路径东移。北美洲寒潮路径东移的结果是吹向北大西洋，而对劳伦泰德冰原南部的中央大平原影响甚微。当时的冰川地质学家并不了解这种差别，就将美洲和欧洲的情况套到中国，因而他们反对李四光的调查。来自欧洲和美洲的地质学家，以他们国家不直接遭受寒潮侵袭的论点套到中国东部低山丘陵区，争论是必然的。时至今日，仍有一些国人相信百年前几个外国人的错误论点，不做全面调查，使我国在该领域的研究处于长期落后的状态。

2. "一湾一路"型变动的差异

中国内陆受到墨西哥湾流的间接影响。源自墨西哥湾的湾流到达北欧一带，给那里带去丰富的水汽，最终导致斯堪的纳维亚冰原的形成，从而阻挡了寒潮南下的路径，迫使冰期时期寒潮路径东移，形成一条冷源供应通道，构成了"一湾一路"（"一湾"指的是墨西哥湾流，"一路"是持续的寒潮）。依据同样的原因，北美洲也存在"一湾一路"型环境变动，同样存在"一湾一路"型变化，其结果是不同的。当时的冰川地质学家不明白这种差异，就错误地批评了李四光。

3. 国外来的不全是冰川地质学家

从 19 世纪以来，就不断有德国、美国、法国、瑞典等国的地质学家到中国来勘探矿产，考察地质。他们不是专门考察冰川遗迹的地质学家，只是依据看不起中国人研究成果的老框框，发表了与李四光不同的观点。有的是专门进行考古和古生物研究的专家，也不支持李四光。

4. 调查资料还不够充足

限于当时的条件，许多典型地区难以到达，还有许多更好的证据未能被发现，调查资料还不够充足，这是十分遗憾的事。

近年来，随着景区的开发，以及偏远地区交通条件的改善，越来越多的典型第四纪冰川遗迹被发现，更加证明了李四光第四纪冰川理论的科学性。

第四节　第四纪冰碛地层划分与古冰川遗迹研究的新曙光

在 20 世纪初，地质学家根据阿尔卑斯山区的资料，确定那里存在四次冰期，分别为恭兹冰期、明德冰

期、里斯冰期和玉木冰期，在这些冰期之间是间冰期。之后，地质学家在北欧、北美、亚洲等地也纷纷找到了对应的冰期。

1944年，李四光以庐山为样板，将中国东部第四纪冰期由老到新划分出鄱阳、大姑和庐山冰期，再加上1937年H. von费师孟提出的末次冰期——大理冰期，建立了中国东部第四纪冰期系列。

中国第四纪冰川，是李四光于1922年首先在太行山东麓及山西大同盆地发现的。后来相继发现，冰川的范围包括东北的长白山、大兴安岭、小兴安岭，北方的崂山、泰山、华山、太白山、秦岭、五台山、太行山、吕梁山、阴山、贺兰山，南方的滇、黔、桂、赣、浙及藏等的山地和高原，也波及东部山区并常以冰舌向山麓平原流溢。在最大一次冰期中，全球大陆有32%的面积被冰川覆盖，大量的冰停滞于大陆上，致使海面下降约130m，全球发生海退，陆架出露，中国渤海、黄海、东海和南海的部分陆架地区发生沙漠化。原始人类正是在第四纪冰期和间冰期的气候变化中发展成为现代人的。

在第四纪大冰期中，仍然有寒冷和温暖的更替。在寒冷时期，雪线高度下降，冰川前进，出现冰期，其中以明德（大姑）冰期和里斯（庐山）冰期的冰川规模为最大，恭兹冰期冰川规模最小，但跨越时间最久。在温暖时期，气温升高，雪线高度上升，冰川退缩，出现间冰期，沿海地区发生海侵，见表10-1。笔者经过近20年的实际调查、分析并结合研究资料证明，李四光对中国第四纪冰期期间的地层划分是正确的、可用的，与北半球其他地区的年代对比见表10-2。

表10-1　中国东部陆架地区与其他各地海侵、海退地层对比

晚更新世与全新世地层划分	北美冰川	欧洲冰川	中国的海侵	日本的海侵	欧洲的海侵	古地磁短期游移（事件）	人类活动遗迹	冰冻成卤时期	中国东部陆架地区的温度变动
最后间冰期（128～70ka B.P.）	冰退时期	冰退时期	沧州海侵（上、中、下三期）	下末吉海侵（130～120ka B.P.）	伊姆海侵	布莱克短期游移（114～108ka B.P.）	早期智人尼安德特人		暖水种软体动物"化石"
最后冰期（早期）	威斯康星冰期（早期）	玉木 I	陆架出露	冰川发育	海退时期		无	第一冰冻成卤层	北冰洋气流扩散区
亚间冰期（中期）	威斯康星冰期（中期）	玉木 II	献县海侵（距今39～23ka）	伊丹海侵（32.7～29.8ka B.P.）	帕道夫亚间冰期海侵	蒙哥短期游移（40～35ka B.P.）	晚期智人（山顶洞人生活时期）		暖水种软体动物"化石"
最后冰期（晚期）	威斯康星冰期（晚期，21～17ka B.P.）	玉木 III	陆架出露	冰川发育	海退时期		旧石器时期	第二冰冻成卤层	北冰洋气流扩散区
全新世	冰退时期	冰退时期	黄骅海侵	海面升起	海面升起	哥德堡游移（12 350～13 750a B.P.）	新石器时期	现代潮滩成卤和冰冻成卤混合层	现代生物种群，不含暖水种群

表10-2　北半球冰期对比表

年代	北美地区	阿尔卑斯山地区	中国东部低海拔地区
75～10ka B.P.	威斯康星冰期	玉木冰期	大理冰期
125～75ka B.P.	桑加蒙间冰期	玉木/里斯间冰期	
265～125ka B.P.	伊利诺伊冰期	里斯冰期	庐山冰期
300～265ka B.P.	雅茅斯间冰期	里斯/明德间冰期	
435～300ka B.P.	坎山冰期	明德冰期	大姑冰期
500～435ka B.P.	阿夫顿间冰期	明德/恭兹间冰期	
1800～500ka B.P.	内布拉斯加冰期	恭兹冰期	鄱阳冰期

时代不同了，条件不同了，中国的古冰川遗迹研究者可以根据自己的发现，去探索第四纪期间发生的

故事。运用全球环境变化的观点，全球的洋流系统、寒潮南下系统、大冰原的盛衰变化、海面升降变化、动植物的迁徙、古人类家园的变动等属于统一的整体变化。那种以海拔来限制人们开展第四纪古冰川研究的论述，是多么地背离科学！那种认为冰期时期的中华大地是泥石流活动之家的观点也脱离了实际。笔者认为：我们要学习李四光创新、开拓、求实、探索和发展的精神，继续开展低海拔型古冰川遗迹的研究，把李四光开创的未竟事业发扬光大。

第五节　第三冰原形成与消亡带来的资源

一、矿产资源——冰冻成卤

盐类含量大于 5% 的液态矿产称为卤水，常用以提取某些化工原料，如食盐、碘、硼、溴等。第三冰原发展时期，陆架逐渐出露，裸露了的海底中残存的海水在低温影响下就会结冰。当海水结冰时，析出来的主要是淡水，而盐分和其他矿物质仍然保存在海底，久而久之，经多次重复，原先保存在海底沉积物中的残存海水浓度逐渐增高，就形成了卤水矿源（冰期时期的蒸发作用比较弱，蒸发作用主要是对析出来的淡水加速蒸发）。冰期时期的风暴沉积和冰水沉积，又会将原先的海底沉积覆盖起来，对已经形成的卤水矿起保护作用。这就是我国沿海存在卤水矿的原因。

二、海岸沙丘群——埠群村落的诞生

黄土埠地貌形成于鲁中山地北部，分布于莱州湾以南和潍坊市以北的昌邑、寿光一带（36°40′～36°55′N，118°59′～119°29′E），分布区东西长约 50km，南北宽 15～20km，见图 10-2。黄土埠地貌平面形态为不规则椭圆状或浑圆状，长轴均呈近 SN 走向，多数长 300～500m，规模较小者长数十米，个别规模较大者可达 1000m；短轴多为 200～300m，窄者为 20 余米，宽者达 600～800m。黄土埠一般高出周围平原地面 3～10m，最高大者达 30 多米。其分布特征主要为孤立散布，大小不一的长垅状岗地。在分布区东南隅个别规模较大者可形成面积大于 1km² 的宽缓起伏岗地，类似黄土高原的小型黄土塬。黄土埠因所在的平原地区农业发达，多已被开挖改造或利用。

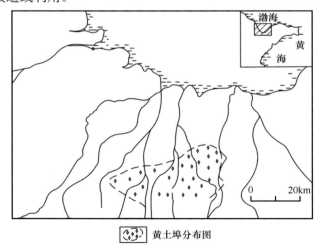

图 10-2　莱州湾南岸黄土埠群分布图［据张祖陆（1995）修改］

黄土埠地貌最密集的地区在昌邑市的西南部寒亭以东。在分布区东南部，黄土埠地貌分布密度可达 1.3 座/km²，而且埠高、规模大；向北、向西渐变稀疏、零星，黄土埠个体也渐变矮小。分布区的北部为海积平原，距莱州湾 20～30km，自南向北地面坡降由 5.5‰ 渐升至 6‰。分布区的东部止于潍河西岸，这是因为受到 NNE 向沂沭断裂带（郯庐断裂带的北段）东缘断裂及断褶隆起所形成的低丘陵阻挡。向西，黄土埠地貌渐渐匿迹于尧河以东，与隐伏的沂沭断裂带西缘断裂位置相一致。尧河以西，平原地面受基底断块隆

起影响而逐渐抬高。所以分布区的东、南、西三面外侧地形高起，唯有向北部的莱州湾方向缓缓向下。因此，黄土埠分布区正处在断块拗陷控制的向北敞开的箕状凹地中。

黄土埠的粒度分析结果表明，其颗粒组成较粗，以细砂和粉砂为主，细砂粒含量一般在 68% 左右，最少为 51.5%，最多达 77%；粉砂粒平均含量只有 21%，最小为 12.9%，最大为 38.4%；黏粒仅占 12% 左右，最少为 8.3%，最多为 15.7%，但中砂粒微乎其微。黄土颗粒组成中细砂粒级含量很高，而粉砂级退居次要，因而此类黄土埠的黄土属于砂黄土，其物源以近源物质为主。

埠群中的黄土含有碎屑矿物 30 余种，其中轻矿物含量占绝对优势，以长石、石英等为主；重矿物含量占 15%～26%，以普通角闪石、绿帘石、榍石及不透明矿物为主。较稳定的绿帘石含量增大，稳定的榍石含量也较高，说明黄土物质受风化分解程度较深。此外，黄土 X 衍射图谱表明，黏土矿物组合与其他区黄土近似，但其明显的特征是蒙脱石含量增高，达 13.9%，而高岭石含量减少，说明其物源和形成过程与其他黄土有所不同，与富镁的水下作用过程有关。

据调查，黄土埠内尚未发现任何大型脊椎动物化石。但是所采集的 16 件样品的分析均有较多的海相有孔虫、介形虫和腹足类化石及其碎片，共计有 30 余个种属。化石中最多见的有波纹希望虫（*Elphidium crispum*）、先希望虫（*Protelphidium* sp.）、卷转虫（*Ammonia* sp.）、齿口螺（*Odostomia* sp.）等（张祖陆，1995）。渤海南部的沙丘群主要分布在潍坊附近，这些沙丘中都含有少量的有孔虫壳体，显现出它们与海底环境的关系。

对黄土埠的砂黄土剖面的测年结果表明（表 10-3），其基本形成于晚更新世末期，与马兰黄土的形成时代一致，也属于冰缘环境的典型沉积。

表 10-3　山东昌邑市黄土埠砂黄土中钙结核的 ^{14}C 测年结果（张祖陆，1995）

采样地点	经纬度	^{14}C 年龄（a B.P.）	采样部位
昌邑市徐林庄村北	36°52′08″N，119°18′00″E	内核 8 140±100 外壳 5 750±100	剖面中上部，距顶 1m
昌邑市西芝庄村西南	36°49′03″N，119°17′44″E	内核 15 800±260 外壳 10 500±220	高出底部，接近地面
昌邑市南马庄村东南	36°46′30″N，119°21′00″E	内核 15 770±320 外壳 10 400±160	剖面中下部，距顶 5.5m，高出地面 1.6m

分布于莱州湾湾顶及其以南地区的黄土埠实际上是风暴活动的产物，每个埠代表一个砂黄土丘。胶莱河和大沽河流域也存在若干被称为埠的地名，大多数埠是古沙丘。每个老一点的村庄，几乎都有埠与之对应。晚更新世末期，大沽河中下游为一片沙漠活动区，直到现在地表上还存在许多被称为埠的村落，每个埠代表一个高 20～30m 的大沙丘。仅在兰村附近就有鲁家埠、中华埠、小湖埠、东小埠、埠东、章家埠等（由于人类活动的影响，某些埠已经消失，或者说只保留了地名，有的还残存一部分）。在胶州湾的口门外也存在海底沙丘，许多部门都想开展海底挖沙工程，实际上它们是被海水淹没的老沙丘。晚更新世末期大沽河中游出现了小沙漠环境，那时大沽河为干涸环境，风暴活动是当时环境变迁的基本动力，山东半岛呈现荒漠景观。沙地、沙丘是当时崂山周围的主要地貌类型。分布于冰期时期山东丘陵冰川群周边的埠群，为近几千年来山东先民的居住地，因为村落建在埠的南侧，可以避风、防寒。

三、第三冰原消亡后带来的环境资源

1. 长江决堤扇的形成

全球气候进入冰消期，第三冰原和其他两个大冰原同时消亡，长江古湖沿岸的众多小冰原和低山丘陵上的冰川融化，新增的冰融水使长江古湖湖面升高，冲出下蜀黄土组成的大堤，也突破了下蜀黄土堤东侧的苏北古湖，一个巨型扇状的洼地形成，为全新世以来长江三角洲的形成创造了条件。

2. 壶口冰川的消亡——导致华北大平原逐渐形成

冰期时期黄河壶口以上的山地为冰川所覆盖,来自山地的少量冰川融水汇集成冰湖。一旦壶口冰川消退,大量冰川融水就会进入华北大平原和苏北平原,逐渐使华北大平原向渤海方向推进。值得注意的是,距今 23 000 年时的亚间冰期海侵可达献县一带,表明华北大平原并不像目前的态势。

3. 浙闽沿岸群岛的出现

全球气候进入冰消期以后,浙、闽、粤、湘、赣等地的山地冰川快速融化,在形成冰臼群的同时,也不断侵蚀低海拔丘陵地区,形成许多低地,当海面升起以后,那些低地被淹没,高地突起而成为群岛。

4. 冰碛海岸的形成

山麓冰川的前缘被升起的海面淹没以后,就会出现冰碛海岸。

四、冰期时期南海寒流带来的海底资源

位于我国东部的第三冰原,冰川融水逐渐融化,形成多条融冰水河道,它们汇集起来曾构成南海寒流。该条寒流与黑潮和南海暖流的运动方向相反,它深入洋底为南海海底可燃冰的形成创造了条件,见图 10-3。可通过南海海底有孔虫的系统分析,查明冷、暖种群的垂向分布特征,推断可燃冰可能的分布层位,为海底采矿提供依据。

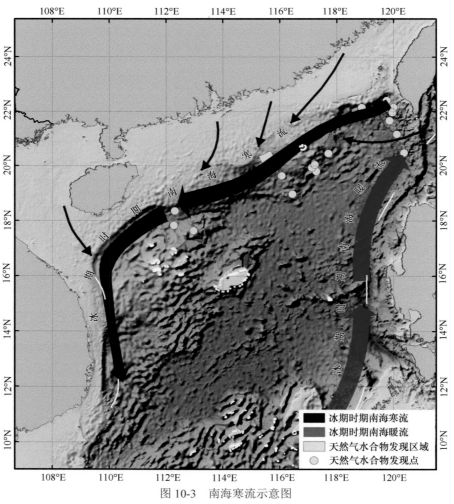

图 10-3　南海寒流示意图

五、冰消期后出现的旅游资源

1. 小冰原覆盖下的喀斯特地貌的出现

第三冰原由若干小冰原和低山丘陵冰川所组成,一旦第三冰原消退,就会露出喀斯特地貌景观。我国的北方到南方都存在喀斯特地貌,构成广泛的旅游资源。

2. 洞穴中保存着第三冰原活动时期的冰

在山西宁武县涔山乡麻地沟村东管涔山海拔 2300m 的山上,有一处万年冰洞。它的奇特在于:以洞外的气候条件论根本构不成结冰的环境,特别是夏天,洞外碧草如茵、鲜花盛开,而洞内寒气逼人、冰笋玉立,洞内一年四季冰柱不化,愈往深处冰愈厚。在洞口以下距地面 100 多米处,分成上下五层,通过钻冰洞、下冰梯、过冰栈可到各层参观。每层有平台,可容数十人。洞内的地面、洞顶、洞壁上全是冰。由冰形成的冰柱、冰帘、冰瀑、冰笋、冰花、冰钟、冰佛、冰床、冰挂、冰兽、冰人千姿百态、栩栩如生,为证实其存在,笔者曾考察了该冰洞,见图 10-4 和图 10-5。

图 10-4　山西冰洞中的冰之一

图 10-5　山西冰洞中的冰之二

3. 冰臼集锦

第三冰原有许多非常圆的冰臼,还有一些圆形球体,它们都是巨量冰川融水出现时所形成的旋转流造成的,它们是我国东部低山丘陵区存在古冰川活动的证据,现在可作为旅游资源,见图 10-6。

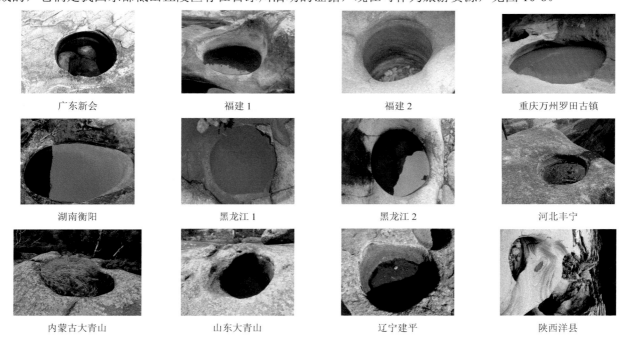

广东新会　　　　　福建1　　　　　福建2　　　　　重庆万州罗田古镇

湖南衡阳　　　　　黑龙江1　　　　　黑龙江2　　　　　河北丰宁

内蒙古大青山　　　　　山东大青山　　　　　辽宁建平　　　　　陕西洋县

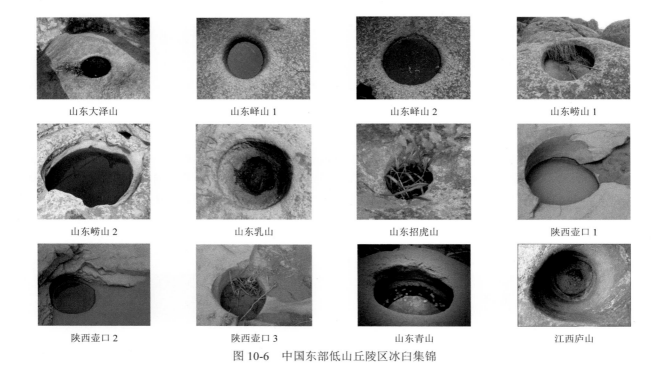

图 10-6　中国东部低山丘陵区冰臼集锦

4. 全国森林公园的建立

"国家公园"的概念源自美国，名词译自英文"National Park"。森林公园，据说最早由美国艺术家乔治·卡特林（Geoge Catlin）提出。1832 年，他在旅行的路上对美国西部大开发对印第安文明、野生动植物和荒野的影响深表忧虑。他写道："它们可以被保护起来，只要政府通过一些保护政策设立一个大公园、一个国家公园，其中有人也有野兽，所有的一切都处于原生状态，就能体现自然之美。"之后，"国家公园"即被许多国家所使用，尽管各自的确切含义不尽相同，但基本意思都是指自然保护区的一种形式。

1872 年美国国会批准设立了美国、也是世界上最早的国家公园，即黄石国家公园。自黄石国家公园设立以来，全世界已有 100 多个国家设立了多达 1200 处风情各异、规模不等的国家公园。综观世界上各种类型、各种规模的国家公园，其一般都具有两个比较明显的特征：一是国家公园自然状况的天然性和原始性，即国家公园通常以天然形成的环境为基础，以天然景观为主要内容，人为的建筑、设施只是为了方便而添置的必要辅助；二是国家公园景观资源的珍稀性和独特性，即国家公园天然或原始的景观资源往往为一国所罕见，并在国内、甚至在世界上都有着不可替代的重要而特别的影响。中国的森林公园分为国家森林公园、省级森林公园和市、县级森林公园三级，其中国家森林公园是指森林景观特别优美，人文景物比较集中，观赏、科学、文化价值高，地理位置特殊，具有一定的区域代表性，旅游服务设施齐全，有较高的知名度，可供人们游览、休息或进行科学、文化、教育活动的场所，由国家林业和草原局作出准予设立的行政许可决定。从目前的调查资料来看，全国的森林公园不论属于哪个级别，都离不开古冰川活动遗迹的观赏。

5. 第四纪冰川博物馆的建立

1）石景山

中国第四纪冰川遗迹陈列馆位于石景山区模式口的第四纪冰川基岩冰溜面遗迹旁，面临永定河，背靠翠微山，是我国乃至亚洲唯一一座建立在第四纪冰川遗迹上，以冰川知识、地质岩石、古生物、地球环保等科普教育为内容的展览馆，该馆于 1992 年 7 月正式开放。中国第四纪冰川遗迹陈列馆不但向广大观众传播介绍地球、地质方面的科普知识，而且弘扬了李四光等科学家的爱国主义精神，同时也为地质界专家学者提供了一个实地考察、学术交流的活动场所。

2）青岛：地质之光展览馆

1957～1961 年，李四光四次来青岛。1961 年，因为李四光在北京的居所改造，那一次他和家人在青岛待的时间最长，有大半年。他所创立的地质力学新理论，也是他的代表作《地质力学概论》，就是在这里完稿的，由此奠定了中国地质科研工作的基础。

位于太平角湛山二路 1 号的欧式别墅已正式对外开放。步入该院落，迎面的巨型冰川漂砾上镌刻有李四光的个人手迹"地质之光"。他所珍藏的、让第四纪冰川的存在成为定论的珍贵石质标本得以复生。该庭院总建筑面积约 1600m² 的花岗岩砌楼宇，被打造成以科普和爱国主义教育为主题的青岛地质之光展览馆。

3）北京：李四光纪念馆

李四光纪念馆位于北京市海淀区民族学院南路 11 号，原是地质学家李四光的住宅，现为其纪念馆。李四光自 1962 年迁居于此，最后十年（1962～1971 年）是在国家为他专门建造的宅院里度过的。几十年过去了，这个院子还在，并于李四光 100 周年诞辰（1989 年）时辟为李四光纪念馆，当时的全国政协主席李先念题写了馆名。

4）湖北：李四光纪念馆

李四光纪念馆位于湖北黄冈市驰名中外的东坡赤壁风景区东侧风景优美的龙王山南麓。2019 年是李四光先生 130 周年诞辰。冰川是地球上最大的淡水水库，全球近 70% 的淡水储存在冰川中。离我们最近的古代冰川就是第四纪冰川，李四光开创性地发现中国曾有第四纪冰川，这一发现对研究我国的第四纪地质和地貌、解决工程地质与水文地质等问题非常关键。李四光纪念馆主要缅怀李四光先生的伟大精神，追忆他的光辉岁月，就如何发扬他的爱国主义精神和科技创新精神激励后人尤其是青少年学习，把李四光开创的第四纪古冰川遗迹研究事业发扬光大。

5）四川

螺髻山古冰川遗迹科普基地等 11 个基地被认定为四川省第七批科普基地。螺髻山古冰川遗迹完整展现了第四纪古冰川地貌，是我国古冰川角峰、刃脊、冰窖等地质遗迹保存最好的地区，具有旅游、教学、科研、环境保护等价值。

6）浙江：古冰川遗迹的典型——临安冰川石寨景区

地质学家李四光称大镜坞为"华东地区古冰川遗迹之典型"，天目山冰川石寨景区气候独特、植物景观季相丰富、怪石嶙峋、巧夺天工、文化精彩、胜迹丰富，大自然的神奇造化在这里得到了完美的印证。中国旅游资源几乎全部直接或间接与第四纪冰川遗迹有关，我们享受着第四纪冰川活动带给我们的美好景观，观赏着各种奇特的冰川遗迹，增添了许多对地学科学的认知。我们不能忘记，是李四光先生告诉我们，中华大地上的一些美丽景观是第四纪冰川活动留下来的遗迹，我们要更加热爱它、保护它。

第六节　尾声

（1）冰期时期，我国 105°E 以西为无寒潮活动区，105°E 以东为北冰洋冰盆内极度低温气流的扩散区。

（2）我国 105°E 以西为自然梯度型雪线区，105°E 以东为寒潮入侵型低雪线区。

（3）我国 105°E 以西为高海拔的高空气流带来的降雪，105°E 以东为南海暖流和黑潮带来的低海拔潮湿气流与来自北冰洋冰盆内极度低温气流相遇而形成大面积降雪。

（4）我国 105°E 以西的降雪受到雪线的控制，存在明显的垂直地带性；而 105°E 以东地区的降雪基本上都在雪线以上，形成覆盖式降雪，构成面积不等的冰原型冰川，垂直地带性不明显。

（5）我国 105°E 以西存在适宜动物繁衍、人类狩猎、农业开发的缓冲地带，而在 105°E 以东会频繁出现大面积的降雪环境，不存在高山地区的缓冲地带，所以西部古文明比东部发展得早、持续更为久远。

（6）我国 105°E 以西地区多为高山地区，垂直地带性明显，那里发育的冰川以缓慢融化为主，时至今日许多冰川仍处于萎缩阶段；105°E 以东地区以水平地带性为主，冰川形成快、融化消失也快。

（7）冰期时期，我国 105°E 以西地区远离洋流活动区；而我国 105°E 以东地区特别是我国南方邻近黑潮和南海暖流活动区，受其影响明显，形成了南方冰川盛于北方的景观。

（8）全球气候进入冰消期以后，我国 105°E 以西地区冰川缓慢融化，不易形成旋转流，也就很少有冰臼的分布；而我国 105°E 以东地区冰川快速融化，形成旋转流，由于冰川厚度大，就出现了垂向冲蚀作用的旋转流，导致了众多冰臼群的出现。这就是我国的冰臼南方多于北方，东部多于西部的原因。

（9）冰期时期，随着斯堪的纳维亚冰原和劳伦泰德冰原的形成，那时的寒潮路径都发生东移。在欧亚大陆，寒潮沿着斯堪的纳维亚冰原的东部边缘吹向中国内陆；在北美洲寒潮沿着劳伦泰德冰原的东部边缘吹向北大西洋；而寒潮对劳伦泰德冰原南部的中央大平原影响甚微。来自欧洲和美国的地质学家，将他们国家不直接遭受寒潮侵袭的环境套到中国东部低山丘陵区。但中国 105°E 以东地区是北半球唯一经常受到北冰洋寒冷气流侵袭的陆地，形成了广为分布的低海拔型冰川群，那时的部分专家并不明白。时至今日，不能再继续套用、追随洋专家的错误论调来反对李四光的科学发现了。

（10）我们纪念李四光，就是要向李四光学习刻苦钻研、不断创新、持之以恒、用事实说话、不惧洋人、独立思考的精神。作为后来人的我们要继承李四光的科学、创新的信念，并把它发扬光大。

参考文献

安芷生，吴锡浩，汪品先，等.1991a. 最近130ka中国的古季风——Ⅰ.古季风记录.中国科学(B辑),(10): 1076-1081.

安芷生，吴锡浩，汪品先，等.1991b. 最近130ka中国的古季风——Ⅱ.古季风变迁.中国科学(B辑),(11): 1209-1215.

巴尔博.1934. 中国中部之地文期.中国地质学会会志,13(3): 455-467.

曹家欣.1983. 第四纪地质学.北京:商务印书馆.

曹照垣，王彦春，任富根，等.1964. 太行山东麓漳河一滹沱河间第四纪冰川现象//中国第四纪研究委员会.中国第四纪冰川遗迹研究文集.北京:科学出版社:147-168.

程广禄.1947. 南京下蜀层发育之物理性状.土壤季刊,6(2): 53-59.

崔之久，宋长青.1992. 内蒙古大青山全新世冰缘现象及环境演变.冰川冻土,14(4): 325-331.

崔之久，谢又予.1984. 论我国东北、华北晚更新世晚期多年冻土南界与冰缘环境.地质学报,2: 165-177.

崔之久，杨建强，赵亮，等.2004. 鄂尔多斯大面积冰楔群的发现及20ka以来中国北方多年冻土南界与环境.科学通报,49(13): 1304-1310.

崔之久，杨健夫.1999. 中国台湾高山第四纪冰川之确证.科学通报,(20): 2220-2224.

崔之久，赵亮，Vandenberghe J，等.2002. 山西大同、内蒙古鄂尔多斯冰楔、砂楔群的发现及其环境意义.冰川冻土,24(6): 708-716.

戴鹏飞.2017. 内蒙古四子王旗大井坡第四纪冰碛物的发现及古气候意义.中国地质大学硕士学位论文.

董光荣，高尚玉，金炯.1988. 毛乌素沙漠的形成、演化和成因问题.中国科学(B辑),6(6): 633-642.

董光荣，高尚玉，李保生.1985. 鄂尔多斯高原晚更新世以来的古冰缘现象及其气候地层学意义.地理研究,4(1): 1-13.

董树文，吴锡浩，吴珍汉，等.2000. 论东亚大陆的构造翘变——燕山运动的全球意义.地质论评,46(1): 8-13.

方鸿淇.1961. 长江中下游地区的第四纪沉积.地质学报,41(324): 354-366.

管秉贤.1962. 有关我国近海海流研究的若干问题.海洋与湖沼,4(3): 121-141.

管秉贤.1964. 黑潮流速流量的分布变化及其与地形关系的初步分析.海洋与湖沼,6(3): 230-250.

管秉贤.1978. 我国台湾及其附近海底地形对黑潮途径的影响.海洋科学集刊,14: 1-21.

管秉贤.1979. 东海G断面上二十年(1956—1975)来黑潮表层流速的变动.科学通报,25(21): 990-994.

管秉贤.1985. 台湾以东黑潮深层流的途径.海洋与湖沼,16(4): 253-260.

管秉贤.1986. 东海海流结构及涡旋特征概述.海洋科学集刊,27: 1-21.

郭良，相石宝，赵松龄.2007. 冰期之崂山.上海:上海科学技术出版社.

郭令智.1943. 大巴山东段第四纪冰川地形.地理,(3/4): 5-12.

韩同林.2004. 发现冰臼.北京:华夏出版社:1-190.

韩同林，劳雄，郭克毅.1998. 河北省丰宁县喇嘛山冰臼群的发现及意义.中国区域地质,17(1): 102.

韩同林，劳雄，郭克毅.1999. 河北、内蒙古中低山发现罕见的冰臼群.地质论评,45(5): 456-462.

胡家让.1983. 湖南第四纪冰川遗迹.北京:地质出版社.

胡健民，公王斌，杨勇.2016. 内蒙古大青山水磨沟发现末次冰期冰川堆积物.科学通报,61(9): 915-918.

贾承造，何登发，陆洁民.2004. 中国喜马拉雅运动的期次及其动力学背景.石油与天然气地质,25(2): 121-125, 169.

金翔龙.1992. 东海海洋地质.北京:海洋出版社:1-297.

景才瑞.1962. 武当山第四纪冰川遗迹//湖北省地质学会.湖北省地质学会1962年年会论文集:构造、区域地质.武汉:湖北出版社.

景才瑞.1981. 庐山没有第四纪冰川吗?自然辩证法通讯,(4): 42-46.

景存义，邱淑彰.1980. 湖口、澎泽沿江地区第四纪地层与砂山.南京师大学报:自然科学版,(2): 37-42.

赖忠平，周杰，夏应菲，等.2001. 南京下蜀黄土红外释光测年.自然科学进展,2: 93-97.

李邦良.1998. 琼西北地区冰川地貌陆地卫星TM图像解译.国土资源遥感,(3): 90-94.

李承三.1940. 西康泸定磨西面之水利问题.地质论评,4(5): 367-372.

李承三，高泳源.1942. 广元属大巴山冰川地形.地理,(1/2): 3-14.

李风华.1991. 东北三江平原的古冰缘构造特征及其环境意义//《中国东北平原第四纪自然环境形成与演化》课题组.中国东北平原第四纪自然环境形成与演化.哈尔滨:哈尔滨地图出版社:202-207.

李捷.1959. 河南陕县三门峡第四纪冰川遗迹//中国第四纪研究委员会.三门峡第四纪地质会议论文集.北京:科学出版社:95-100.

李捷.1962. 河南洛河第四纪冰川遗迹//中国地质学会第三次会员代表在会及第三十二届年会筹备委员会.中国地质学会1962年年会论文摘要汇编:第1册.

李克让.1992. 中国气候变化及其影响.北京:海洋出版社:65-81.

李立文.2006. 南京附近下蜀黄土与古砾石层.南京:南京师范大学出版社:1-232.

李立文, 方邺森 . 1985. 南京老虎山 "下蜀组" 钙质结核的成因与时代的探讨 . 地层学杂志 , 1: 53-56, 80.

李立文, 方邺森 . 1992. 南京附近下蜀黄土的研究 . 南京师范大学学报 , 16(增刊): 3-21.

李乃胜, 石学法, 赵松龄, 等 . 2003. 崂山地质与古冰川研究 . 北京 : 海洋出版社 : 1-380.

李乃胜, 赵松龄, 鲍·瓦西里耶夫 . 2000. 西北太平洋边缘海地质 . 哈尔滨 : 黑龙江教育出版社 : 186-188.

李培英 . 1984. 庙岛群岛第四纪沉积物与环境变迁 . 北京大学硕士学位论文 .

李培英 . 1987. 庙岛群岛的晚新生界与环境变迁 . 海洋地质与第四纪地质 , 7(4): 111-122.

李培英, 王永吉, 刘振夏 . 1999. 冲绳海槽年代地层与沉积速率 . 中国科学 , 29(1): 50-55.

李培英, 徐兴永, 赵松龄 . 2008. 海岸带黄土与古冰川遗迹 . 北京 : 海洋出版社 : 1-337.

李四光 . 1933. 扬子江流域之第四纪冰期 . 中国地质学会志 , (1): 15-62.

李四光 . 1934. 关于研究长江下游冰川问题材料 . 中国地质学会志 , (3): 395-432.

李四光 . 1936. 安徽黄山第四纪之冰川现象 . 中国地质学会志 , (3): 279-290.

李四光 . 1940. 鄂西川东湘西桂北第四纪冰川现象述要 . 地质论评 , (3): 171-184.

李四光 . 1942. 中国冰期之探讨 . 学术汇刊 , (1): 1-12.

李四光 . 1947. 冰期之庐山 . 国立中央研究院地质研究所专刊 , 乙种 , (2): 7-39.

李四光 . 1963a. 华北平原西北边缘地区的冰碛和冰水沉积 . 中国地质 , (4): 150-162.

李四光 . 1963b. 华北平原打井谈冰期问题 . 人民日报 , 1963-04-02(5).

李四光 . 1975. 贵州高原冰川之残迹 // 李四光 . 中国第四纪冰川 . 北京 : 科学出版社 : 125-135.

李徐生, 杨达源, 鹿化煜 . 1999. 皖南风尘堆积序列氧化物地球化学特征与古气候记录 . 海洋地质与第四纪地质 , 4: 75-82.

李勇, 李永昭, 周荣军, 等 . 2002. 成都平原第四纪化石冰楔的发现及古气候意义 . 地质力学学报 , 8(4): 341-346.

李毓饶, 袁玲玉, 王保德 . 1964. 大别山第四纪冰川遗迹初步研究 // 中国第四纪研究委员会 . 中国第四纪冰川遗迹研究文集 . 北京 : 科学出版社 : 101-134.

李忠, 刘少峰, 张金芳, 等 . 2003. 燕山典型盆地充填序列及迁移特征: 对中生代构造转折的响应 . 中国科学 (D 辑), 33(10): 931-940.

辽宁地质局水文地质大队 . 1983. 辽宁第四纪 . 北京 : 地质出版社 : 1-132.

林家骏, 吴芯芯, 郑乐平 . 2004. 长江中下游典型下蜀土剖面成分对比研究 . 地球与环境 , 2: 31-35.

刘东生, 安芷生, 袁宝印 . 1985. 中国的黄土与风尘堆积 . 第四纪研究 , 1: 113-125.

刘嘉麒, 韩家懋, 袁宝印, 等 . 1995. 近年来中国第四纪研究与全球变化 . 第四纪研究 , (2): 150-156.

刘良梧, Elöller L. 1988. 下蜀黄土形成年代的探讨 . 土壤 , 3: 162-163.

刘庆新, 周国琪, 邓尔森 . 1977. 雪峰山南段罗翁八面山地区第四纪冰川遗迹 // 中国地质科学院地质力学研究所 . 中国第四纪冰川地质文集 . 北京 : 地质出版社 : 106-113.

刘书丹 . 1983. 河南省城的第四纪冰川遗迹 // 中国地质学会第四纪冰川及第四纪地质专业委员会会讯 2.

吕洪波, 任晓辉, 杨超 . 2006. 赤峰等地第四纪大陆冰川的地貌证据 . 地质论评 , 52: 379-385.

马溶之 . 1944. 中国黄土之生成 . 地质论评 , Z2: 207-224.

马振图 . 1940. 湖北五峰、鹤峰、宜昌、宜都等县所见之冰川现象 . 地质论评 , (5): 423-430.

裴文中 . 1956. 研究工作成果——在中国境内 "冰滑作用" 的初次发现 . 科学通报 , 11: 51-53.

裴文中 . 1957. 哈尔滨黄山及内蒙古扎赉诺尔附近 "冰滑作用" 的初步研究 . 科学记录 , (1): 51-53.

彭阜南 . 1963. 辽东半岛北部的冰蚀地貌 . 地质学报 , (3): 303-314.

濮培民, 蔡述明, 朱海虹, 等 . 1994. 三峡工程与长江中游湖泊洼地环境 . 北京 : 科学出版社 : 1-212.

浦庆余, 钱方 . 1977. 对元谋人化石地层——元谋组的研究 // 周国兴, 张兴永 . 元谋人 . 昆明 : 云南人民出版社 : 75-86.

齐矗华, 甘枝茂, 惠振德 . 1980. 太白山古冰川遗迹与冰期问题 . 陕西师范大学 (地理专辑).

乔作试 . 1984. 太行山东麓倾斜平原第四纪冰川沉积及其水文地质条件初步研究 // 中国地质学会第四纪冰川与第四纪地质专业委员会 . 第四纪冰川与第四纪地质论文集 (第一集). 北京 : 地质出版社 .

秦蕴珊, 赵一阳, 陈丽蓉, 等 . 1989. 黄海地质 . 北京 : 海洋出版社 : 178-199.

秦志能 . 1964. 武功山发现第四纪冰川遗迹 . 华东地质 , (3): 49.

全国地层委员会 . 1959. 中国新生代地层总结 . 北京 : 科学出版社 .

舒勒, A, 常子文, 国兴源 . 1959. 泰山中部的冰川形象 . 地质科学 , 2(3): 82-83.

宋达泉 . 1950. 南京区下蜀系的古土壤学研究 : I. 几个代表剖面的性态和发育规律 . 中国土壤学会会志 , 1: 3-4.

孙殿卿, 陈庆宣 . 1950. 浙东沿海第四纪冰川之残迹 . 地质论评 , 15(1-3): 81-82.

孙殿卿, 徐煜坚 . 1944. 广西第四纪水川遗迹之初步观察 . 地质论评 , Z2: 171-199, 264-268.

孙殿卿, 杨怀仁 . 1961. 大冰期时期中国的冰川遗迹 . 地质学报 , 41(3/4): 233-244.

孙云铸 . 1951. 从地层学观点论古生物学 . 地质论评 , 1: 7-12.

陶书华 . 1984. 山西第四纪冰川及冰期的初步划分 // 中国地质学会第四纪冰川及第四纪地质专业委员会 . 第四纪冰川与第四纪地质论文集 (第一集). 北京 : 地质出版社 .

田代沂 . 1976. 蓟县北部山区第四纪冰泥砾层的发现 . 地质科学 , (3): 277-285.

汪品先,等.1995.十五万年来的南海.上海:同济大学出版社.

王嘉荫.1951.四川峨嵋之冰川遗迹.中国科学,1: 121-131.

王金权,李立文.1990.南京附近下蜀黄土内腹足类化石的氨基酸外消旋年代测定.古生物学报,4: 490-498.

王巍.2019.现代人只起源于东非?中国考古学会理事长王巍答热点问题.https://www.thepaper.cn/newsDetail_forward_5376613.

王彦春.1984.河北省北部围场地区第四纪冰川遗迹//中国地质学会第四纪冰川与第四纪地质专业委员会.第四纪冰川与第四纪地质论文集(第一集).
　　北京:地质出版社.

王曰伦,贾兰坡.1952.周口店第四纪冰川现象的观察.地质学报,(1/2): 16-25.

王照波,卞青,李大鹏,等.2017.山东蒙山第四纪冰川组合遗迹的发现及初步研究.地质论评,63(1): 134-142.

吴标云.1985.南京下蜀黄土沉积特征研究.海洋地质与第四纪地质,5(2): 113-121.

吴锡浩,蒋复初,王苏民.1998.关于黄河贯通三门峡东流入海问题.第四纪研究,(2): 188.

吴锡浩,蒋复初,肖华国,等.1999.中原邙山黄土及最近200ka构造运动与气候变化.中国科学(D辑),(1): 82-87.

夏东兴,刘振夏,李培英,等.1991.渤海古沙漠之推测.海洋学报,13(4): 540-546.

夏应菲,汪永进,陈峻.2000.李家岗下蜀黄土剖面的反射光谱研究.土壤学报,4: 443-448.

小畴尚.1984.古冰缘现象//日本第四纪学会.日本第四纪研究(中译本).北京:海洋出版社: 127-134.

小林国夫.1984.古冰川作用//日本第四纪学会.日本第四纪研究(中译本).北京:海洋出版社: 118-126.

谢世俊.2002.寒潮.北京:气象出版社: 1-57.

徐叔鹰,张维信,徐德馥,等.1984.青藏高原东北边缘地区冰缘发展探讨.冰川冻土,6(6): 15-25.

徐馨,沈志达.1999.对长江中下游第四纪冰川发育的新认识.贵州师范大学学报(自然科学版),(1): 1-6.

徐兴永.2005.山东丘陵更新世冰迹的发现及其环境意义.乌鲁木齐:中国科协2005年学术年会.

徐兴永,石学法,于洪军,等.2004.崂山顶、涧、沟、坡、麓、滩、岬一带巨砾成因研究.海洋科学,28(6): 10-13.

徐兴永,肖尚斌,李萍.2005.崂山古冰川形成的地质证据.石油大学学报(自然科学版),29(4): 5-9.

徐兴永,于洪军.2012.冰消期地貌.北京:海洋出版社: 1-235.

许杰.1936.下蜀层之腹足类化石.中国古生物志乙种第6号:第3册.北平:实业部地质调查所,国立北平研究院地质学研究所.

严陈,温恒录.1964.东秦岭第四纪冰川遗迹//中国第四纪研究委员会.中国第四纪冰川遗迹研究文集.北京:科学出版社: 135-146.

严钦尚.1950.大兴安岭一带冰川地形.科学通报,(7): 485-486.

严文明,李前亭.1983.山东长岛县史前遗址.史前研究,(1): 114-130,182-183.

杨超群.1963.粤北怀集昌开一带发现第四纪冰川遗迹.地质论评,(2): 106.

杨达源.1985.长江中下游干流东去入海的时代与原因的初步探讨.南京大学学报,21(1): 155-165.

杨达源.1986.晚更新世冰期最盛时长江中下游地区的古环境.地理学报,41(4): 302-310.

杨达源.1991.中国东部的第四纪风尘堆积与季风变迁.第四纪研究,(4): 354-360.

杨东鑫.1963.北岳恒山腰子坪基岩面上的冰川刻痕.北京市地质学会.北京市地质学会1963年年会文摘.

杨功修,齐俊生.1962.井冈山冰川遗迹之发现.科技情报(内部),(1).

杨怀仁.1955.诺敏河流域的冰川地形.南京大学学报,(1): 95-120.

杨怀仁.1981.第四纪地质.北京:高等教育出版社: 64-239.

杨怀仁,陈西庆.1985.中国东部第四纪海面升降、海侵海退与岸线变迁.海洋地质与第四纪地质,5(4): 59-80.

《杨怀仁论文选集》编辑组.1996.环境变迁研究:杨怀仁教授论文选集.南京:河海大学出版社: 1-502.

杨景春.1985.地貌学教程.北京:高等教育出版社: 67-200.

杨景春,孙建中,李树德,等.1983.大同盆地古冰楔(砂楔)和晚更新世自然环境.地理科学,3(4): 339-344.

杨守业,李从先,李徐生,等.2001.长江下游下蜀黄土化学风化的地球化学研究.地球化学,4: 402-406.

叶连俊,关士聪.1944.甘肃中南部地质志.地质专报,甲种第19号.

业治铮,戴广秀.1951.松江省桦南县驼腰区含金砂砾之机械分析和矿物分析.地质论评,16(2): 38-56.

易明初.1983.广东海丰水口村条痕砾石的新发现//中国地质学会第四纪冰川及第四纪地质专业委员会会讯2.

于革,陈星,刘健,等.2000.末次盛冰期东亚气候的模拟和诊断初探.科学通报,45(20): 2153-2159.

于洪军.1992.黄海南部海底风成砾石的发现.海洋与湖沼,24(4): 440-441.

于洪军.1996.中国北方陆架区晚更新世以来环境演化.中国科学院海洋研究所博士学位论文.

于洪军,韩德亮,徐兴永.2002.晚更新世末期中国北方陆架区冰缘现象的发现.地质力学学报,4: 307-314.

于玲玲,贾玉连,陈晓玲,等.2010.长江中游末次冰期风成堆积及其环境指示.华中师范大学学报(自然科学版),44(1): 158-162.

于天仁.1950.南京下蜀层土壤的化学组成.土壤学报,1(2): 83-90.

张尔匡.1959.宣化烟筒山一带的地貌和新构造运动.地质论评,3: 133-137.

张祖陆.1995.渤海莱州湾南岸平原黄土埠地貌及其古地理意义.地理学报,50(5): 465-470.

章人骏.1951.浙江矾山第四纪冰川现象的观察.地质论评,(1): 52-55.

赵诚,王世梅.2000.黄土堆积与冰期事件.西安工程学院学报,22(4): 58-60.

赵松龄 . 1991. 晚更新世末期中国陆架沙漠化及其衍生沉积的研究 . 海洋与湖沼 , 22(3): 285-293.

赵松龄 . 2010. 中国东部低海拔型古冰川遗迹 . 北京 : 海洋出版社 : 1-392.

赵松龄 , 李安春 , 徐兴永 . 2017. 崂山古冰川遗迹 . 北京 : 科学出版社 : 1-32.

赵松龄 , 徐兴永 . 2019. 低海拔冰川遗迹典型图谱 . 北京 : 海洋出版社 : 1-242.

赵松龄 , 于洪军 , 李官保 , 等 . 2001. 晚更新世末期东海北部古冬季风盛衰变更的地质记录 . 地质力学学报 , 7(4): 289-295.

赵松龄 , 于洪军 , 刘敬圃 . 1996. 晚更新世末期陆架沙漠化环境演化模式的探讨 . 中国科学 (D 辑), 26(2): 142-146.

赵松龄 , 张宏才 . 1979. 北京西山灵岳寺古冰川沉积物的初步研究 // 中国地质学会第四纪冰川与第四纪地质专业委员会 . 第四纪冰川与第四纪地质论文集 (第一集). 北京 : 地质出版社 : 69-72.

郑庆荣 , 刘鸿福 , 孙二虎 . 2015. 五台山自然遗产资源特征及其形成的地学背景 . 忻州师范学院学报 , 31(5): 57-75.

郑祥民 . 1998. 东海嵊山岛风尘黄土地层的初步研究 . 华东师范大学学报 (自然科学版), 地理学专辑 : 62-66.

郑祥民 . 1999. 长江三角洲及其海域风尘沉积与环境 . 上海 : 华东师范大学出版社 .

郑祥民 , 严钦尚 . 1995. 末次冰期苏北平原和东延海区的风成黄土沉积 . 第四纪研究 , (3): 49-56.

郑祥民 , 俞立中 . 1991. 上海地区晚更新世晚期暗绿色硬土层风成黄土成因说 . 上海地质 , (2): 13-21.

中国第四纪冰川研究工作中心联络组 . 1960. 北京西山区第四纪冰川遗迹和中国冰期问题 . 科学通报 , (8): 239-241.

中国科学院海洋研究所海洋地质室 . 1985. 渤海地质 . 北京 : 科学出版社 : 1-223.

周慕林 . 1982. 论红崖冰期 // 中国第四纪研究委员会 . 第三届全国第四纪学术会议论文集 . 北京 : 科学出版社 .

周至元 . 1993. 崂山志 . 济南 : 齐鲁书社 : 1-348.

Alexander H S. 1932. Pothole erosion. Journal of Geology, 40(4): 305-337.

Denton G H, Hughes T J. 1981. The Last Great Ice Sheets. New York: John Wiley and Sons.

Huang T K, Hsu T K. 1936. Gravel terraces in the Tsientang valley and their bearing on problem of coastal uplift. Bulletin Geological Society China, 15(4): 519-528.

Kukla G, Heller F, Liu X M, et al. 1988. Pleistocene climates in China dated by magnetic susceptibility. Geology, (16): 811-814.

Lee J S. 1922. Note on traces of recent ice-action in N. China. Geological Magazine, 59(1/4): 14-21.

Merzbacher G. 1905. The Central Tian-Shan Mountains 1902-1903. London: John Murray.

Morgan A. 2002. Glacial potholes at Rockwood. The Grand Strategy Newsletter, 7(4): 1-3.

Streiff-Becker R. 1951. Pot-Holes and Glacier Mills. Journal of Glaciology, (9): 488-490.

Washburn A L. 1979. Geocryology, A Survey of Periglacial Processes and Environments. London: Edward Arnold Ltd.